"十四五"职业教育国家规划教材
（中等职业学校公共基础课程教材）

U0685968

Information Technology

信息技术

拓展模块

实用图册制作 +
数据报表编制 + 演示文稿制作

武马群 葛睿 李森 主编

人民邮电出版社

北 京

图书在版编目（CIP）数据

信息技术 ：拓展模块. 实用图册制作+数据报表编制+
演示文稿制作 / 武马群，葛睿，李森主编. -- 北京：
人民邮电出版社，2022.8
中等职业学校公共基础课程教材
ISBN 978-7-115-58549-3

Ⅰ．①信… Ⅱ．①武… ②葛… ③李… Ⅲ．①电子计
算机—中等专业学校—教材 Ⅳ．①TP3

中国版本图书馆CIP数据核字(2022)第015651号

内 容 提 要

本书根据《中等职业学校信息技术课程标准（2020 年版）》进行编写。本书以 Windows 10 和 Office 2016 为平台，讲解信息技术的拓展知识，包括 3 个模块：模块一为实用图册制作，主要讲解使用 Word 2016 制作企业宣传册的方法；模块二为数据报表编制，主要讲解使用 Excel 2016 制作学生成绩数据报表的方法；模块三为演示文稿制作，主要讲解使用 PowerPoint 2016 制作年度工作计划演示文稿的方法。

本书适合作为中等职业学校信息技术课程的教材，也可供职场中需要学习办公软件操作的人员参考。

◆ 主　　编　武马群　葛　睿　李　森
责任编辑　初美呈
责任印制　蒋　慧

◆ 人民邮电出版社出版发行　　北京市丰台区成寿寺路 11 号
邮编　100164　电子邮件　315@ptpress.com.cn
网址　https://www.ptpress.com.cn
临西县阅读时光印刷有限公司印刷

◆ 开本：880×1230　1/16
印张：10.25　　　　　　　　　2022 年 8 月第 1 版
字数：216 千字　　　　　　　2025 年 8 月河北第 2 次印刷

定价：24.80 元
读者服务热线：(010)81055256　印装质量热线：(010)81055316
反盗版热线：(010)81055315

"十四五"职业教育国家规划教材
（中等职业学校公共基础课程教材）
出版说明

为贯彻新修订的《中华人民共和国职业教育法》，落实《全国大中小学教材建设规划（2019-2022年）》《职业院校教材管理办法》《中等职业学校公共基础课程方案》等要求，加强中等职业学校公共基础课程教材建设，在国家教材委员会统筹领导下，教育部职业教育与成人教育司统一规划，指导教育部职业教育发展中心具体组织实施，遴选建设了数学、英语、信息技术、体育与健康、艺术、物理、化学等七科公共基础课程教材，并于2022年组织按有关新要求对教材进行了审核，提供给全国中等职业学校选用。

新教材根据教育部发布的中等职业学校公共基础课程标准和有关新要求编写，全面落实立德树人根本任务，突显职业教育类型特征，遵循技术技能人才成长规律和学生身心发展规律，围绕核心素养培育，在教材结构、教材内容、教学方法、呈现形式、配套资源等方面进行了有益探索，旨在打牢中等职业学校学生科学文化基础，提升学生综合素质和终身学习能力，提高技术技能人才培养质量。

各地要指导区域内中等职业学校开齐开足开好公共基础课程，认真贯彻实施《职业院校教材管理办法》，确保选用本次审核通过的国家规划新教材。如使用过程中发现问题请及时反馈给出版单位和我司，以便不断完善和提高教材质量。

教育部职业教育与成人教育司

2022年8月

前 言

PREFACE

习近平总书记指出，数字技术正以新理念、新业态、新模式全面融入人类经济、政治、文化、社会、生态文明建设各领域和全过程，给人类生产生活带来广泛而深刻的影响。当前，我国社会正在加速向网络化、平台化、智能化方向发展，驱动云计算、大数据、人工智能、5G、区块链、工业互联网、量子计算等新一代信息技术迭代创新、群体突破，加快数字产业化步伐。党的二十大报告指出：教育、科技、人才是全面建设社会主义现代化国家的基础性、战略性支撑。必须坚持科技是第一生产力、人才是第一资源、创新是第一动力，深入实施科教兴国战略、人才强国战略、创新驱动发展战略，开辟发展新领域新赛道，不断塑造发展新动能新优势。在党的领导下，我们实现了第一个百年奋斗目标，全面建成了小康社会，正在向着第二个百年奋斗目标迈进。我国主动顺应信息革命时代浪潮，以信息化培育新动能，用数字新动能推动新发展，数字技术不断创造新的可能。生活在信息化、数字化时代的人们必须具有较好的信息素养，在学习、生活和生产中遇到问题时，能主动获取、分析、判断信息，用结构化思维分析问题，善用工具和信息资源制定行动方案，用积极的态度、负责的行动去解决问题。

中等职业学校信息技术课程是一门旨在帮助学生掌握信息技术基础知识与技能、增强信息意识、发展计算思维、提高数字化学习与创新能力、树立正确的信息社会价值观和责任感的必修公共基础课程。课程任务是全面贯彻党的教育方针，落实立德树人根本任务，满足国家信息化发展战略对人才培养的要求，围绕中等职业学校信息技术学科核心素养，吸纳相关领域的前沿成果，引导学生通过信息技术知识与技能的学习和应用实践，增强信息意识，掌握信息化环境中生产、生活与学习技能，提高参与信息社会的责任感与行为能力，为就业和未来发展奠定基础，成为德智体美劳全面发展的高素质劳动者和技术技能人才。通过信息技术课程的学习，学生能够成为具备信息素养的高素质技术技能人才，适应未来信息化社会的生活和职业发展的需要。

本套教材依据《中等职业学校信息技术课程标准（2020年版）》要求编写，适合中等职业学校信息技术课程教学使用。本套教材由基础模块和拓展模块两部分构成。拓展模块分为5册，根据不同专业的需要，可以将不同拓展模块分册进行自由组合，或与信息技术基础模块教材进行组合教学，从而打造出符合不同地域、学校、专业特色的信息技术课程教材，具体教学内容和推荐授课学时安排如下：

分册	教学内容	建议学时	分册学时
一	计算机与移动终端维护	14	36
	小型网络系统搭建	14	
	信息安全保护	8	
二	实用图册制作	18	54
	数据报表编制	18	
	演示文稿制作	18	
三	三维数字模型绘制	18	36
	数字媒体创意	18	
四	个人网店开设	16	16
五	机器人操作	8	8

前 言
PREFACE

　　本套书落实立德树人根本任务，引导学生了解国家信息化发展成果，树立社会责任感，弘扬工匠精神，培养学生的信息素养。本套书每一个模块都以"情境描述—技能目标—环境要求—任务实践"开始，引导学生学习；然后以"任务讲解＋实操训练"的方式介绍每一个任务的具体操作；最后再以"课后思考"和"拓展训练"做巩固练习，从而适应任务驱动的"教学做一体化"课堂教学组织要求。本套书具体教学与学习方法如图所示。

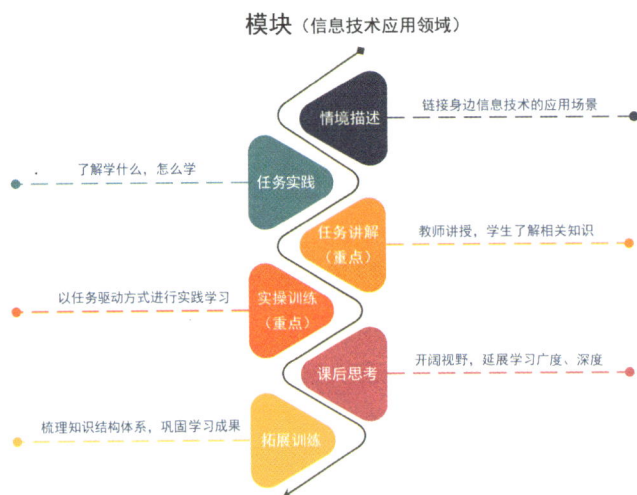

模块（信息技术应用领域）

情境描述 — 链接身边信息技术的应用场景

任务实践 — 了解学什么，怎么学

任务讲解（重点）— 教师讲授，学生了解相关知识

实操训练（重点）— 以任务驱动方式进行实践学习

课后思考 — 开阔视野，延展学习广度、深度

拓展训练 — 梳理知识结构体系，巩固学习成果

　　本书在讲解过程中穿插有"提示""小组交流""课堂笔记"等小栏目，增强学生之间的交流，加深对知识的记忆，提高自主学习能力。此外，本书提供素材、教学案例、习题答案、模拟试卷等丰富的教学资源，有需要的读者可自行通过人邮教育社区（http://www.ryjiaoyu.com）网站免费下载，并根据自身情况适当延伸教材内容，以开阔视野、强化职业技能。读者登录人邮学院网站（www.rymooc.com），即可在线观看全书慕课视频。

　　本套书编写团队包括计算机学科领域的教育专家、行业专家，教学经验丰富的一线教育工作者和青年骨干教师，具体编写分工如下：武马群编写了分册二并对全部拓展模块的图书进行了统稿，葛睿编写了分册三、四、五，李森编写了分册一，钟毅、李强、赵玲玲对教学素材和案例进行了审核和整理，侯方奎、李小华、赵丽英进行了课程思政元素设计，陈统为案例和新技术、行业规范提供了素材和相关资料。

　　由于编者水平有限，本书不足之处，敬请读者指正。（联系人：初美呈，电话：010-81055238，邮箱：chumeicheng@ptpress.com.cn）

编　者
2023 年 3 月

目 录
CONTENTS

目　录

模块一

实用图册制作
——让图册制作变得简单

01

情境描述

　　金字科技有限责任公司为了树立企业核心价值观，宣传企业的发展历程和愿景，增强员工对企业的归属感和认同感，决定制作一本用于企业宣传的图册。该图册要对企业的核心理念、发展历程、愿景与使命、发展战略、内部管理优势、研究与开发、质量方针、销售业绩等进行展现，能够让员工对企业的发展状态一目了然。此外图册要求设计简洁大方，装帧成本适宜，便于大量印刷。

技能目标

◎ 能了解如何选择和收集图册内容。

◎ 能快速进行图册版式、风格和装帧的设计。

◎ 能根据图册内容进行素材的加工。

◎ 能进行图册内容的制作与美化。

◎ 能根据图册内容选择合适的图册封面。

环境要求

◎ 硬件：计算机（除主机外，还包括鼠标、键盘、显示器等外部设备）、打印机等。

◎ 软件：Windows 10 操作系统、Word 2016 等。

◎ 其他：计算机可以正常访问互联网，便于准备制作图册所需的图片和文字资料。

任务实践

模块名称：实用图册制作				所需学时：_____18_____学时

任务列表		难度			计划学时
		低	中	高	
任务 1	选择并收集图册资料		√		1
任务 2	设计图册版式、风格和装帧			√	1
任务 3	加工图文素材		√		4
任务 4	创建或编辑图册样式模板		√		2
任务 5	编排图册内容			√	2
任务 6	美化图册			√	2
任务 7	编辑图册自动引用信息		√		2
任务 8	制作封面、封底并完成装帧设计		√		2
任务 9	打印图册或生成图册文档	√			2

任务准备

知识准备	1. 了解收集图册内容和资料的基础知识，如图片资料、文字资料的收集等 2. 掌握选择设计风格以及版式和装帧设计的方法 3. 掌握不同素材的加工方式，并进行素材的加工 4. 掌握创建应用样式的方法 5. 掌握编排图册内容的方法 6. 了解设置页边距、分栏、页眉和页脚的方法 7. 掌握目录的制作方法 8. 掌握封面与封底的制作方法 9. 了解装帧设计的要点 10. 掌握打印与输出的方法

续表

案例效果

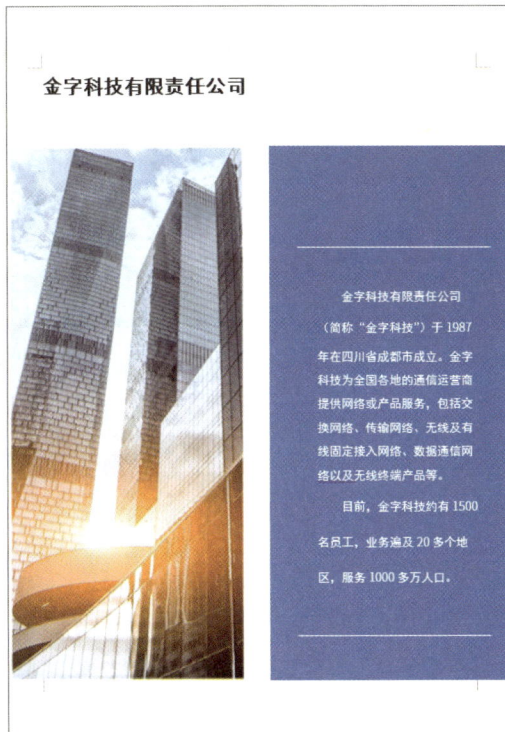

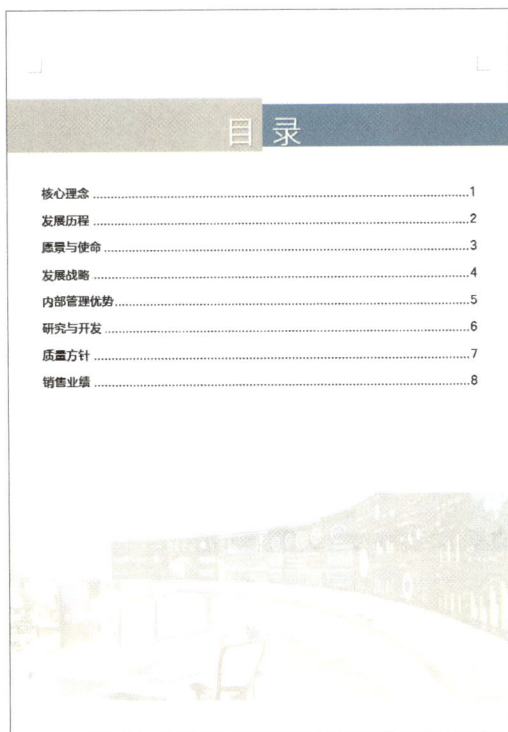

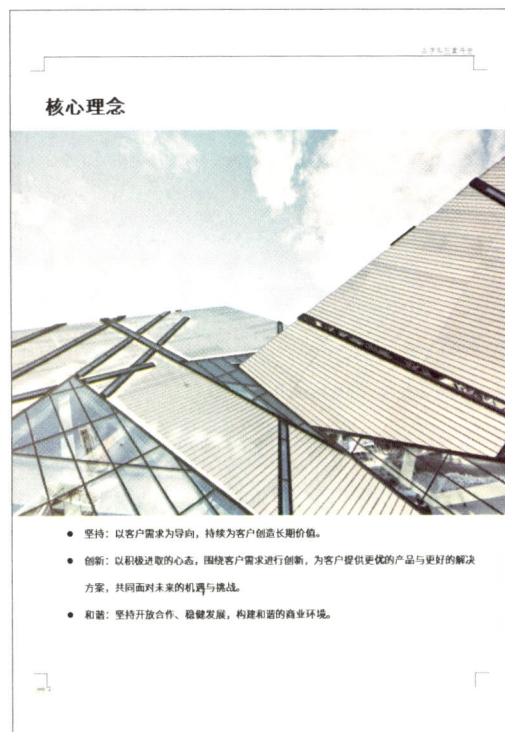

案例效果

任务 **1** 选择并收集图册资料

图册是一个载体，能全方位展示企业或个人的风貌、理念，宣传产品或品牌形象。本模块将制作用于企业宣传的图册。在设计前，我们需要收集资料，如图片资料、文字资料等。

1. 图片资料的搜集

根据企业宣传图册的设计要点进行图册设计，离不开图片的支持。图片资料的搜集主要采用网上搜集、实物拍摄和自行绘制 3 种方式。

- 网上搜集：网上搜集是指在互联网上通过资料网站搜索需要的图片并进行下载，如千图网、花瓣网等。这些网站中的很多图片不能直接商用，使用时要注意版权问题。对于本模块的企业宣传图册制作，在网上搜集图片资料时，可选择具有代表性的建筑、风景、办公场景、人际交往场景等图片。图 1-1 所示为在花瓣网搜集的建筑资料。

图 1-1　建筑资料

- 实物拍摄：实物拍摄是产品图册和企业图册常见的图片资料来源。实物拍摄的图片能展示企业的场景，是后期图册制作时的主要图片资料来源。本模块要制作的企业宣传图册在进行实物拍摄时，可选择企业生产状态、企业具有代表性的建筑、企业生产的商品等作为拍摄对象。图 1-2 所示为拍摄的办公场景。
- 自行绘制：自行绘制是指设计人员使用 Photoshop、Illustrator 等图形图像软件绘制图片，并将绘制的图片运用到图册设计中。该方法要求图册制作人员具备一定的设计基础，以便在绘制时更好地展现内容。图 1-3 所示为绘制的矢量图。

资源链接　在制作企业宣传图册时，首先了解其设计要点，再根据要点去收集和准备相应的素材。通过配套资源提供的"电子活页"文档内容，查看企业宣传图册的设计要点。

电子活页

企业宣传图册的设计要点

图1-2　拍摄的办公场景

图1-3　绘制的矢量图

2. 文字资料的搜集

文字资料可根据图册的定位进行搜集。通常图册可分为产品图册和企业图册两种类型。

如果是制作产品图册，那么文字资料搜集可以根据产品的特性、功能来进行分类。如需要做一款健身类的产品图册，可搜集企业相关的课程介绍、注意事项、健身器材介绍等信息，便于后期制作图册时使用。另外，这些内容可以根据具体场景进行编辑。

如果是制作企业宣传图册，那么在进行文字资料搜集时，需要搜集企业的发展历史、经营理念、产品明细、实力和优势等信息，以便后期制作图册时有更多的文字资料可供选择。

在搜集文字资料的过程中，图册制作人员要注意文字资料的广泛性、准确性、及时性、系统性等，这样才能使搜集到的资料更符合需求。

小组交流

（1）小组成员分别搜集关于二十四节气的相关知识和相关素材。

（2）针对搜集的资料和素材，讨论不同类型图册中的配图要求。

课堂笔记

任务 2 设计图册版式、风格和装帧

一般来说，设计构思是企业宣传图册制作流程中非常耗费时间和精力的一个阶段。在这一阶段，图册制作人员可以根据搜集到的资料，搭建企业宣传图册的基本框架，然后从图册版式、风格、装帧这 3 个方面展开思考，找到图册的设计点，为后期图册的制作做好准备工作。

1. 企业宣传图册版式

完整的企业宣传图册主要由封面和封底、企业简介页、目录页、内页 4 个部分组成。

- 封面和封底：企业宣传图册的封面和封底用于展示企业名称和企业主旨，是企业宣传图册中最醒目的，也是客户第一眼就能看到的内容。在进行封面设计时，主色可以是企业的品牌颜色，也可以是与内页颜色保持一致的其他颜色。封底一般较为简单，在居中位置展示企业 Logo 或企业联系方式，整体简洁、一目了然即可。图 1-4 所示为企业宣传图册封面和封底，封面以蓝色为主色，搭配企业名称、Logo 等信息，封底为白底黑字，简单展示企业二维码、名称、网址等信息。

- 企业简介页：一般放在企业宣传图册第 2 页或第 3 页的位置。客户在浏览企业宣传图册时，能快速了解企业基本情况和企业文化。所以，图册制作人员在设计企业简介页时不仅要与封面、目录页、内页等的风格保持一致，还要让其突显出来。图 1-5 所示为企业简介页，左侧为企业车间场景图，右侧为企业介绍文字，便于客户了解该企业的情况。

图 1-4　企业宣传图册封面和封底　　　　　　　　　　图 1-5　企业简介页

- 目录页：目录页是企业宣传图册中不可或缺的一部分，能让客户更快速地浏览内页主题。图册制作人员在进行目录页设计时，不要做过多的装饰，避免花哨。图 1-6 所示为企业宣传图册目录页，左侧为企业相关图片，右侧为内页标题和页码。

- 内页：企业宣传图册的内页内容较为复杂，文字、图片差异较大，且规律性不强，因此，在设计企业宣传图册的内页时要注重设计的连续性、整体性。设计时要充分考虑图片与文案是否对应，在布局上要注意版面的整体性，即各部分之间怎样建立内在的联系，以强化各排版要素在结构以及色彩上的关联性。图 1-7 所示为

内页中的"公司环境"版块，该内页采用图文结合的方式将公司环境展现出来，更具有直观性。

图1-6　目录页

图1-7　内页

确定企业宣传图册内容后，图册制作人员即可对金字科技有限责任公司的企业宣传图册内容进行版式设计。整个宣传图册主要分为首页、介绍页、目录页、内页、尾页5个部分。具体操作如下。

步骤1　首页版式。 金字科技有限责任公司是一家互联网公司，因此，简约、科技、时尚的设计主题更符合该公司的形象。在制定首页版式时，可将首页分为两个部分，上方设计为图片和形状的组合，体现简约感和科技感，下方为企业名称、主旨的展现区域，表明企业宣传图册的主题。首页版式如图1-8所示。

步骤2　介绍页版式。 金字科技有限责任公司企业宣传图册的介绍页主要用于介绍企业，因此，简约时尚的展现方式更加符合需求。介绍页版式如图1-9所示。

步骤3　目录页版式。 金字科技有限责任公司企业宣传图册的目录页版式要与内页版式相对应，文字和页码要与内页中相应的文字和页码保持一致。目录页版式如图1-10所示。

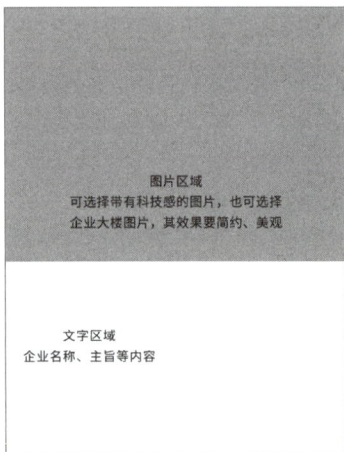

图1-8　首页版式

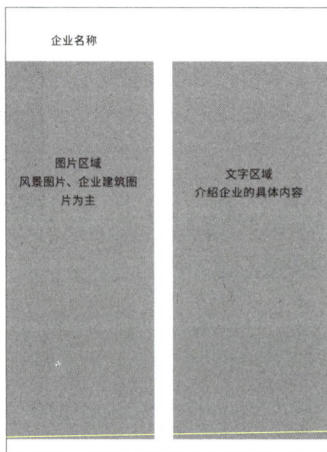

图1-9　介绍页版式

图1-10　目录页版式

步骤4　内页版式。 金字科技有限责任公司企业宣传图册的内页主要分为核心理念、发展历程、愿景与使命、内部管理优势、研究与开发、发展战略、质量方针、销售业绩8个部分。内页版式如图1-11所示。

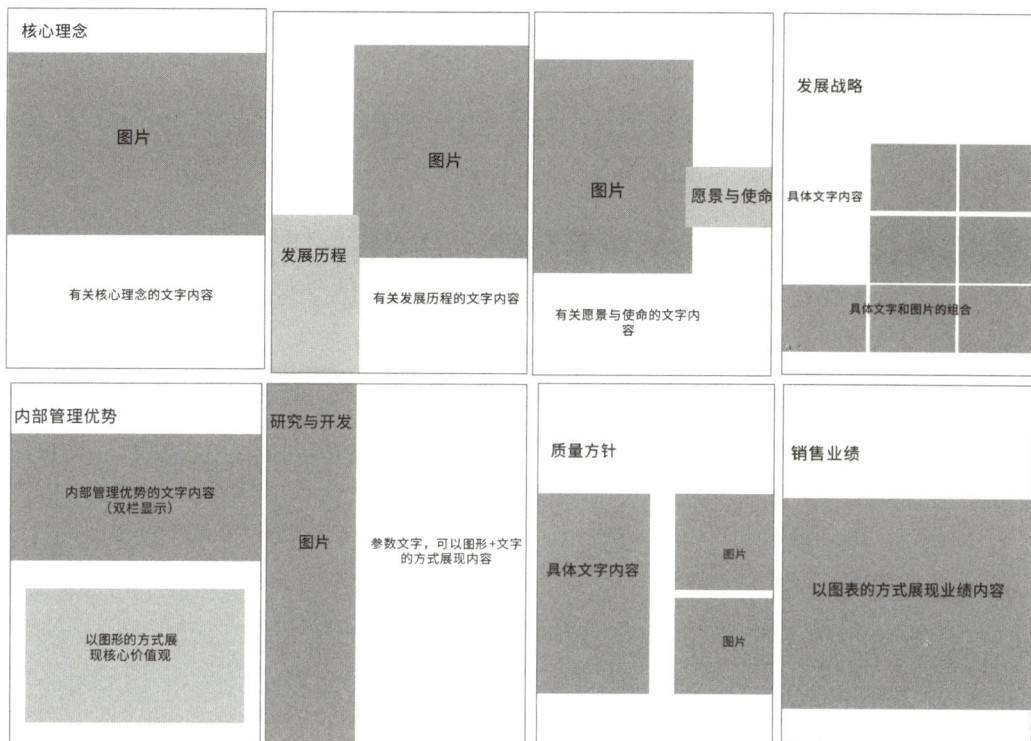

图 1-11　内页版式

步骤 5　尾页版式。 金字科技有限责任公司企业宣传图册的尾页主要与首页相呼应，可在尾页添加二维码和企业联系方式、地址等信息，便于用户查看。

资源链接　　在进行版式设计时，可以采用不同的版式类型。通过配套资源提供的"电子活页"文档内容，查看图册中有哪些版式类型。

电子活页
图册版式类型

2. 设计企业宣传图册的风格

不同企业的宣传图册有不同的设计风格，有的注重文字的表达，有的注重色调的运用，有的注重图形之间的相关性。要设计企业宣传图册的风格，在设计之初就要找准宣传对象的定位，以便准确把握图册风格。常见的图册风格有传统风格、现代风格、个性风格 3 种，如图 1-12 所示。

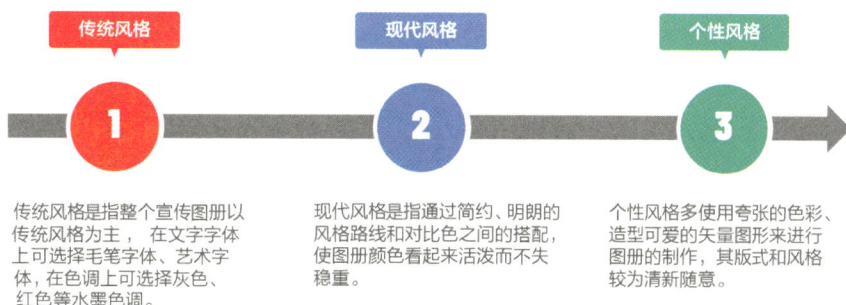

传统风格　　**现代风格**　　**个性风格**

1　传统风格是指整个宣传图册以传统风格为主，在文字字体上可选择毛笔字体、艺术字体，在色调上可选择灰色、红色等水墨色调。

2　现代风格是指通过简约、明朗的风格路线和对比色之间的搭配，使图册颜色看起来活泼而不失稳重。

3　个性风格多使用夸张的色彩、造型可爱的矢量图形来进行图册的制作，其版式和风格较为清新随意。

图 1-12　常见的图册风格

企业宣传图册的版式确定下来后就可以选择合适的风格，并对色彩和字体进行选择。具体操作如下。

步骤1　选择图册风格。 金字科技有限责任公司属于科技型企业，可选择现代风格作为图册风格。因为现代风格更具简约性和科技感，更符合企业形象。

步骤2　确定图册主色调。 金字科技有限责任公司的标志颜色为蓝色，在宣传图册颜色的选择上，可以蓝色作为主色调，并通过明度的不断变化，提升整个色调的美观度，以黄色、浅蓝、水绿色为点缀色，营造清新、自然的氛围。

步骤3　确定图册排版所用字体。 选择思源黑体为主要字体类型，由于黑体没有衬线装饰，字形端正，笔画横平竖直，因此使用该字体展现的内容会更清晰、直观，更具识别性。

3. 装帧企业宣传图册

装帧是在图册印刷之前，对图册的形态、用料和制作等方面进行的艺术和工艺设计。企业宣传图册在进行装帧时常会在封面和封底处覆膜，以保证图册不会轻易被损坏，而且在较长的时间内可以拥有良好的光泽度。企业宣传图册封装成册常使用骑马订。骑马订又称骑马钉，是指在成品的中央书脊处，装订2～3枚针钉或像缝纫机那样踩线穿线，使整个印件固定，然后将装订边之外的三边进行修切。这种方式适合薄款的图册等。图1-13所示为使用骑马订进行装帧的企业宣传图册。

图1-13　使用骑马订装帧的图册

资源链接

除了骑马订装帧外，常用的装帧方式还包括无线胶装、锁线胶装等。

● 无线胶装是目前比较常用的装帧方式，是使用胶把书页粘在一起，形成一个整体。胶装中又分为热胶（EVA）、冷胶（PVA）、PUR胶装等，常用于图书的装帧。

● 锁线胶装是指用线将各页穿在一起，然后用胶水将印品的各页固定在书脊上的一种装帧方式。

任务 3 加工图文素材

确定金字科技有限责任公司图册的设计风格和版式后，图册制作人员就可以对图文素材进行加工了，便于后期进行模板的设计。

1. 统一文字字体

文字是企业宣传图册中的主要要素之一。文字的设计效果直接影响企业宣传图册整体的美观，因此首先要对文字的字体进行统一设置。具体操作如下。

微课视频
统一文字字体

步骤 1　设置字体和字号。打开"金字科技宣传册 .docx"文件（配套资源：素材\模块一\金字科技宣传册 .docx），按【Ctrl+A】组合键全选文字，按【Ctrl+D】组合键，打开"字体"对话框，在"中文字体"下拉列表框中选择"思源黑体 CN Normal"选项，在"字号"列表框中选择"小四"选项，单击 确定 按钮，如图 1-14 所示。

步骤 2　设置段落样式。在【开始】/【段落】组中单击"对话框启动器"按钮，打开"段落"对话框，在"缩进"栏中设置"特殊格式"为"首行缩进"、"缩进值"为"2 字符"；然后在"间距"栏的"行距"下拉列表框中选择"1.5 倍行距"选项，单击 确定 按钮，如图 1-15 所示。

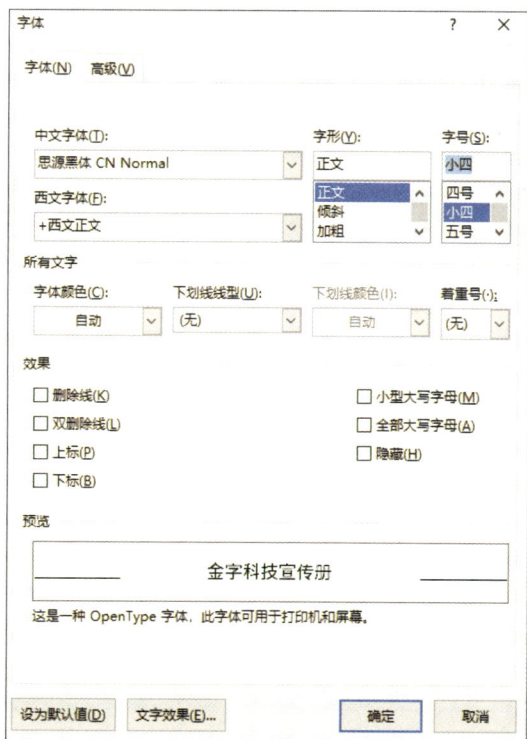

图 1-14　设置字体和字号

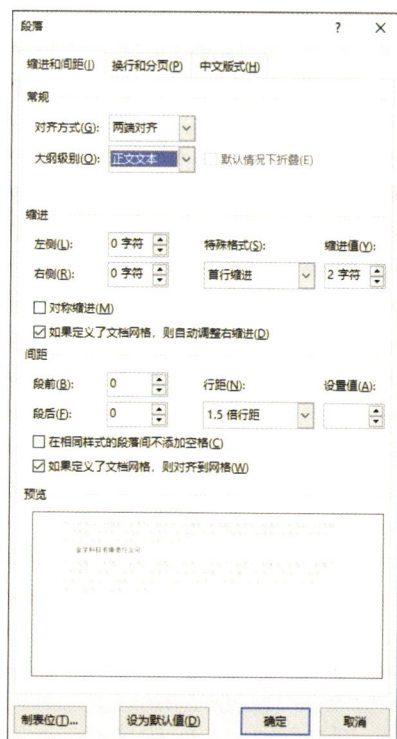

图 1-15　设置段落样式

2. 分页内容

由于图册内容是一个整体，为了方便后期图册制作人员区分各个页面的内容，可以对内容进行分页。具体操作如下。

微课视频
分页内容

步骤 1　输入文字。 将文本插入点定位到第 2 行文字的结尾处，按【Enter】键换行，然后输入"金字科技有限责任公司"。

步骤 2　对内容分页。 将文本插入点定位到第 5 段文字的结尾处，在【插入】/【页面】组中单击"分页"按钮，可看到插入点下方的文字已经跳转到下一页中，如图 1-16 所示。

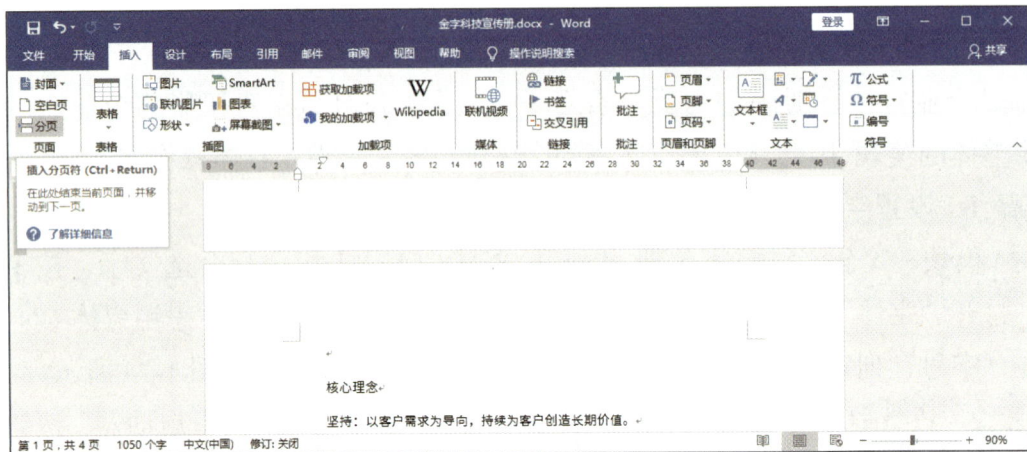

图 1-16　对内容分页

步骤 3　对更多内容分页。 使用相同的方法，分别在"和谐：坚持开放合作……""2011 年 ~2020 年：2011 年，……""使命：提供有价值的通信解决方案，……""核心价值观……""75% 以上专利为发明专利""金字科技坚持可持续发展战略，……""我们承诺向客户……"等段落文字下方添加分页，将整个宣传图册分成 8 个部分。图 1-17 所示为其中一个段落添加分页后的效果。

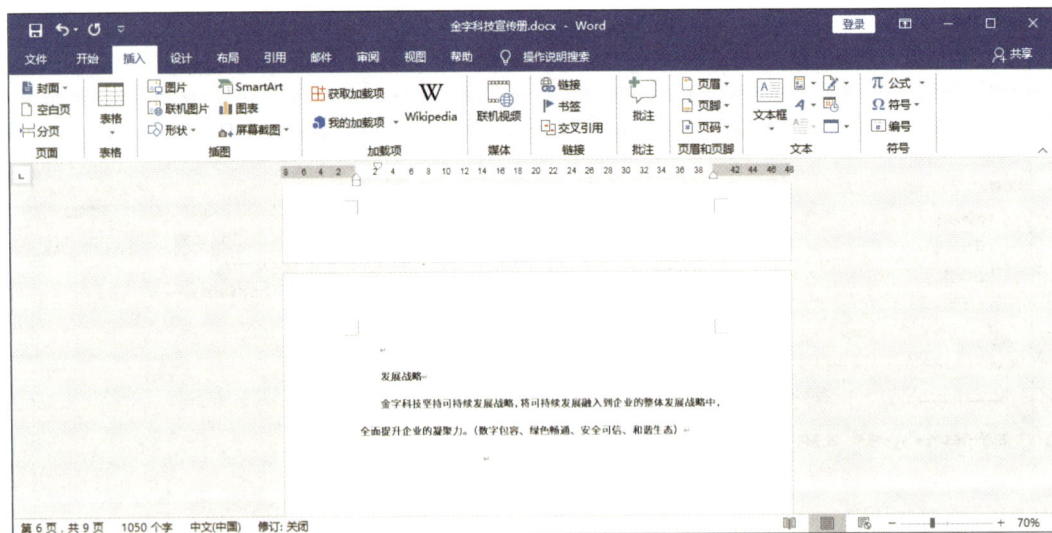

图 1-17　其中一个段落添加分页后的效果

3. 添加项目符号

图册内容往往需要分级显示，为了便于对文字进行查看，可在具有并列性的文字前添加项目符号。具体操作如下。

步骤 1　添加项目符号。 在第 2 页中，选择除"核心理念"文字外的所

微课视频

添加项目符号

有文字，在【开始】/【段落】组中单击"项目符号"按钮右侧的下拉按钮，在打开的下拉列表中选择"●"符号，即可为文字添加项目符号，如图 1-18 所示。

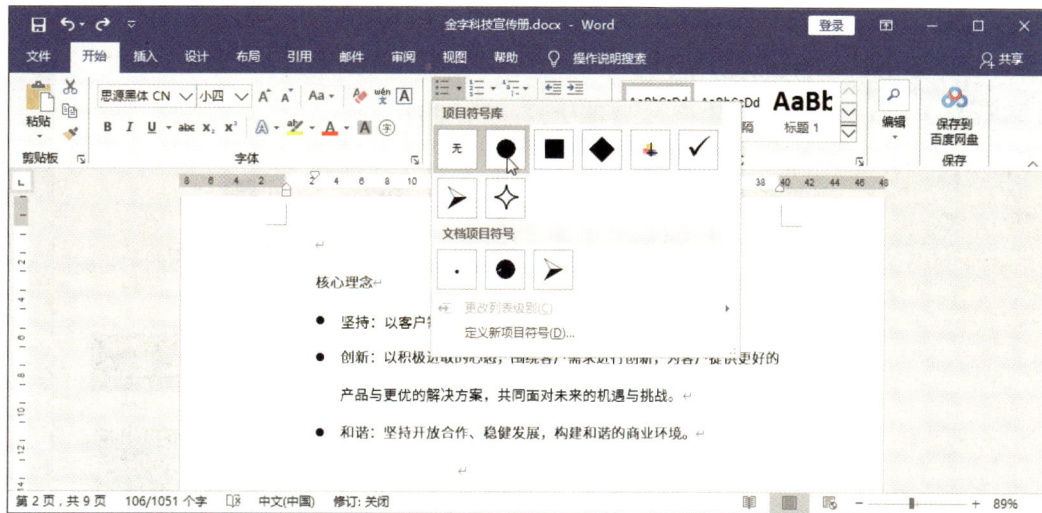

图 1-18　添加项目符号

步骤 2　定义新项目符号。 在第 3 页中，选择除"发展历程"文字外的所有文字，在【开始】/【段落】组中单击"项目符号"按钮右侧的下拉按钮，在打开的下拉列表中选择"定义新项目符号"选项，打开"定义新项目符号"对话框，单击符号(S)...按钮，打开"符号"对话框，在列表中选择太阳符号，依次单击确定按钮，如图 1-19 所示。

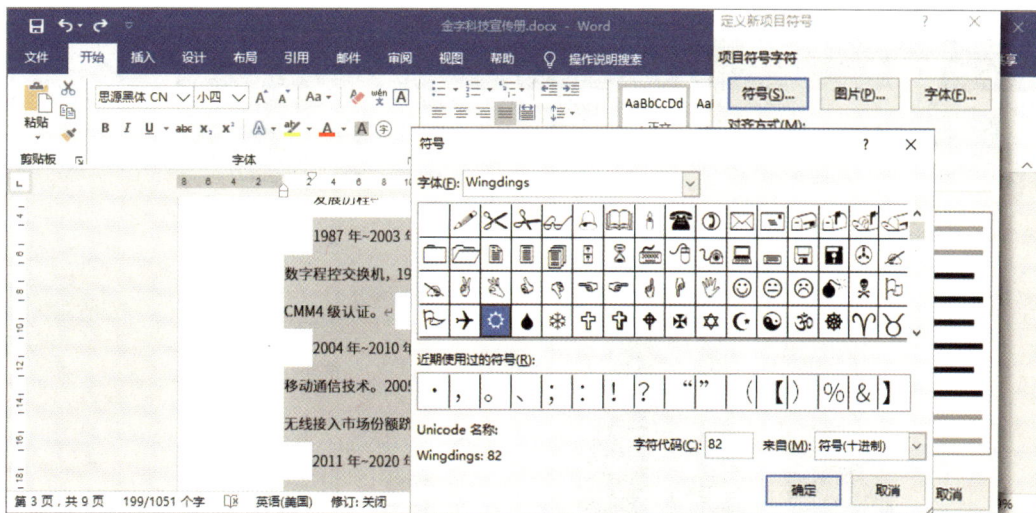

图 1-19　定义新项目符号

步骤 3　为其他文字添加项目符号。 使用相同的方法，为其他页面的文字添加项目符号，使具有不同含义的文字更易于识别。

4．插入素材图片

在宣传图册中插入图片可以更好地传达图册要表达的意思，增加图册的美观性。插入素材图片主要有两种形式，一种是插入下载的图片，另一种是插入联机图片。具体操作如下。

微课视频

插入素材图片

步骤1　插入下载的图片。 将文本插入点定位至第1页的结尾处,在【插入】/【插图】组中单击"图片"按钮，打开"插入图片"对话框,选择图片的保存位置,然后选择"5.png"图片(配套资源:素材\模块一\金字科技宣传册图片素材),单击 插入(S) 按钮,如图1-20所示。

图1-20　插入图片

步骤2　设置图片布局。 选择插入的图片,单击"布局选项"按钮，在打开的下拉列表中选择"紧密型环绕"选项,将图片移动到整个页面的左侧,并调整图片的大小,如图1-21所示。

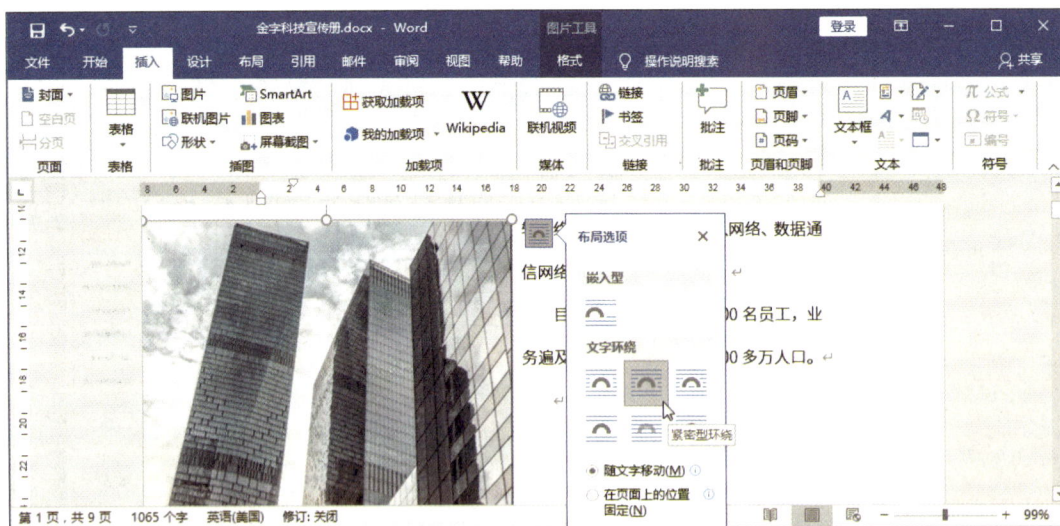

图1-21　设置图片布局

步骤3　插入其他图片。 将文本插入点定位到第2页的第2段,插入"4.jpg"图片(配套资源:素材\模块一\金字科技宣传册图片素材),然后调整图片的位置和大小。使用相同的方法插入其他图片。

步骤4　插入联机图片。 将文本插入点定位到第6页的第2段,在【插入】/【插图】组中单击"联机图片"按钮，打开"插入图片"对话框,在"必应图像搜索"栏中单击"搜索"按钮，打开"联机图片"对话框,在下方的列表中选择"沙滩"选项,如图1-22所示。

步骤5 选择沙滩图片。 在打开的面板中选择一张沙滩图片，单击 <mark>插入(1)</mark> 按钮，如图 1-23 所示。

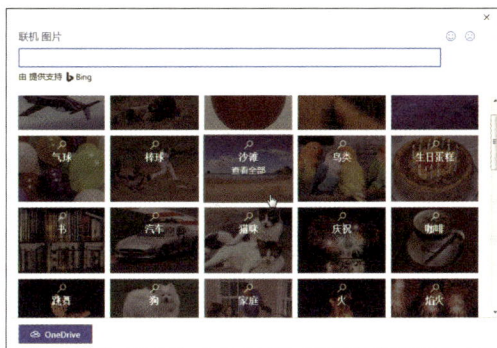

图 1-22 插入联机图片

图 1-23 选择沙滩图片

5. 加工素材图片

直接插入的图片往往存在多种色调，使整个图册色调不统一，因此，为了增加图册的美观性，还需要对整体色调进行调整。除此之外，还需要对图片中多余的部分进行裁剪。具体操作如下。

微课视频

加工素材图片

步骤1 调整色调。 选择第 1 页中的图片，在【图片工具 - 格式】/【调整】组中，单击"颜色"按钮▣，在打开的下拉列表中的"色调"栏中选择"色温 :4700 K"选项，即可调整整张图片的色调，如图 1-24 所示。

步骤2 调整图片边缘。 在【图片工具 - 格式】/【图片样式】组中，单击"图片效果"按钮▣，在打开的下拉列表中选择【柔化边缘】/【柔化边缘变体】/【2.5 磅】选项，即可调整图片边缘，如图 1-25 所示。

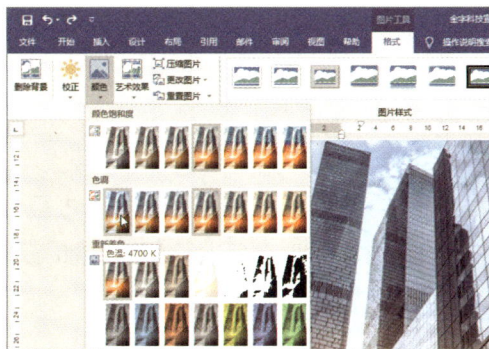

图 1-24 调整色调

图 1-25 调整图片边缘

步骤3 校正图片。 选择第 3 页中的图片，在【图片工具 - 格式】/【调整】组中，单击"校正"按钮☀，在打开的下拉列表中的"锐化 / 柔化"栏中选择"锐化 :25%"选项，即可锐化图片，如图 1-26 所示。

步骤4 裁剪图片。 选择第 6 页中的图片，在【图片工具 - 格式】/【大小】组中，单击"裁剪"按钮▣，此时可发现图片四周呈可编辑状态，拖曳中间的滑块，确定图片的裁剪区域，如图 1-27 所示。然后按【Enter】键，确认裁剪。

图 1-26　校正图片

图 1-27　确定裁剪区域

步骤 5　等比裁剪。选择第 8 页中的图片，在【图片工具 - 格式】/【大小】组中，单击"裁剪"按钮下方的下拉按钮，在打开的下拉列表中选择【纵横比】/【3：2】选项，如图 1-28 所示。确定裁剪区域，然后按【Enter】键，确认裁剪。

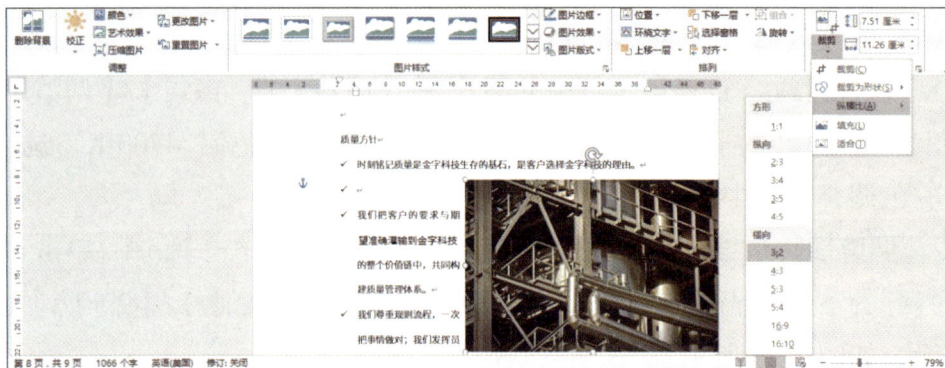

图 1-28　等比裁剪

步骤 6　裁剪其他图片。使用相同的方法，裁剪下方的图片，使其与上方图片的比例相同。

> **小组交流**
>
> （1）选择收集的二十四节气图片，对图片进行美化操作，并对前面所学知识进行总结。
>
> （2）收集与二十四节气相关的文字，并对文字的字体、粗细、颜色进行调整，增加美观度。

课堂笔记

任务 4 创建或编辑图册样式模板

为了方便后期提取目录，图册制作人员需要对各个页面的文字应用样式，使页面内容更具有识别性和编辑性。样式的编辑通常包括应用与修改样式、创建样式等操作。

1. 应用与修改样式

样式即多种格式的集合。Word 提供许多内置样式，可以直接应用。当内置样式不能满足需要时，还可对样式进行修改。在"金字科技宣传册 .docx"文件中，先对标题应用样式，然后对样式进行修改。具体操作如下。

微课视频

应用与修改样式

步骤 1　应用样式。 在第 1 页中选择"金字科技宣传册　精致生活，金字科技"文字，按【Delete】键删除文字，然后选择"金字科技有限责任公司"文字，在【开始】/【样式】组中，单击"样式"按钮，在打开的下拉列表中选择"标题 1"样式，应用"标题 1"样式，如图 1-29 所示。

图 1-29　应用样式

步骤 2　选择"修改"命令。 在【开始】/【样式】组中，单击"样式"按钮，在打开的下拉列表中选择"标题 1"样式，单击鼠标右键，在弹出的快捷菜单中选择"修改"命令，如图 1-30 所示。

步骤 3　修改样式。 打开"修改样式"对话框，设置"格式"为"方正粗倩 _GBK""小一"，然后单击"左对齐"按钮，完成后单击确定按钮，如图 1-31 所示。

图 1-30　选择"修改"命令

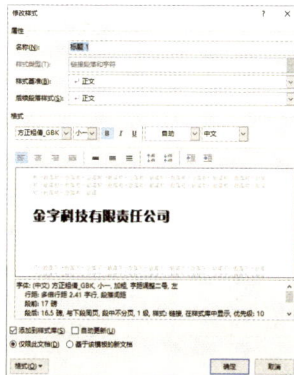

图 1-31　修改样式

步骤 4　对其他文字应用样式。 选择"核心理念""发展历程""愿景与使命""发展

战略 ""内部管理优势""研究与开发""质量方针""销售业绩"等文字,依次应用"标题 1"样式。

2. 创建样式

在制作图册过程中,若原始的样式不能满足要求,可重新创建样式,再进行样式的应用。具体操作如下。

　　步骤 1　创建新样式。 选择标题下的正文文字,在【开始】/【样式】组中,单击"样式"按钮 ![A]，在打开的下拉列表中选择"创建样式"选项,打开"根据格式设置创建新样式"对话框,在"名称"文本框中输入"正文样式",如图 1-32 所示。

　　步骤 2　设置新样式。 单击 修改(M)... 按钮,在打开的"根据格式设置创建新样式"对话框中找到"格式"栏,在"格式"栏中设置字体为"黑体"、颜色为"黑色,文字 1,淡色25%",依次单击 ![左对齐]、![居中] 按钮,然后单击 确定 按钮,如图 1-33 所示。

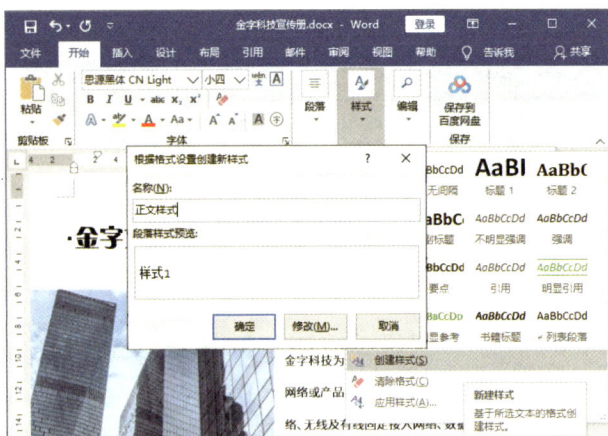

图 1-32　创建新样式　　　　　　　　　图 1-33　设置新样式

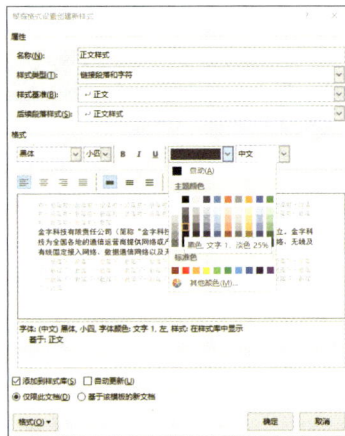

　　步骤 3　应用新样式。 选择除添加了项目符号外的正文文字,应用创建的新样式,并进行保存操作。

> **小组交流**
> （1）分别对二十四节气介绍图册中的标题应用样式,并对前面所学知识进行总结。
> （2）选择其他文字,创建文字样式,并对文字的字体、粗细、颜色进行调整。

课堂笔记

任务 5 编排图册内容

对图册样式进行创建与修改是为了方便后期目录的制作，而编排图册内容可以使图册内容更加直观、整洁、有条理。编排图册内容主要包括设置页边距、插入与编辑文本框、设置分栏、设置页眉和页脚等。

1. 设置页边距

为了增强企业宣传图册文字的视觉效果，需对左、右两侧的页边距进行设置。具体操作如下。

步骤 1　自定义页边距。 在【布局】/【页面设置】组中，单击"页边距"按钮，在打开的下拉列表中选择"自定义页边距"选项，如图 1-34 所示。

步骤 2　页面设置。 打开"页面设置"对话框，在"页边距"选项卡中设置"左"为"1.5厘米"，设置"右"为"1.5厘米"，设置"装订线位置"为"左"，单击 确定 按钮，如图 1-35 所示。

微课视频
设置页边距

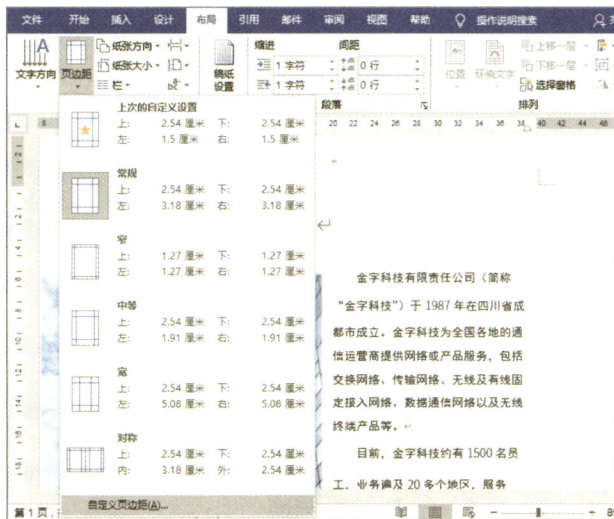

图 1-34　自定义页边距

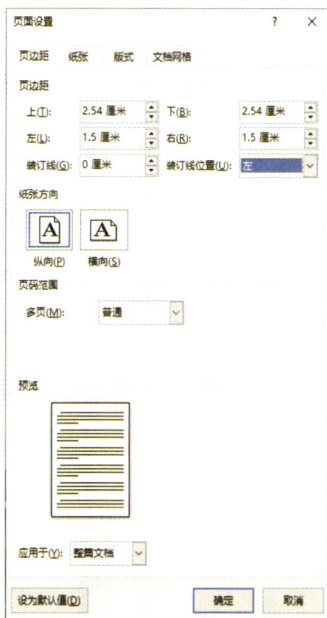

图 1-35　页面设置

2. 插入与编辑文本框

文本框在 Word 中是一种特殊的文档元素，它可以被置于页面中的任何位置，在文本框中插入文本、图片等，不会影响文本框外的内容。

为了增加金字科技宣传册排版的美观性，可将正文文字使用文本框的形式进行编辑。具体操作如下。

微课视频
插入与编辑文本框

步骤 1　选择"绘制横排文本框"选项。 将文本插入点定位在介绍页的空白区域，在【插入】/【文本】组中，单击"文本框"按钮，在打开的下拉列表中选择"绘制横排文本框"选项，如图 1-36 所示。

步骤2　绘制文本框。 按住鼠标左键不放，在图像右侧的空白区域绘制文本框，如图 1-37 所示。

图 1-36　选择"绘制横排文本框"选项

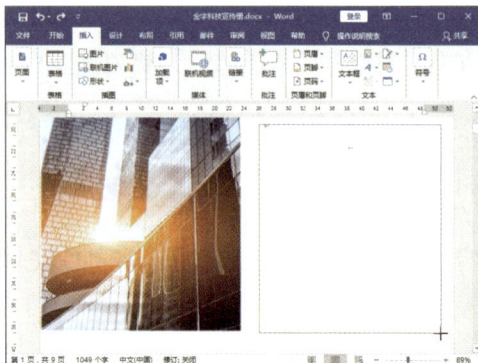

图 1-37　绘制文本框

步骤3　粘贴文本。 按住鼠标左键不放，选择上方的正文内容，按【Ctrl+X】组合键，剪切文本，然后在文本框中按【Ctrl+V】组合键，粘贴文本。

步骤4　编辑文本框。 选择绘制的文本框，在【绘图工具-格式】/【形状样式】组中，单击"形状填充"按钮🖌️，在打开的下拉列表中，选择"无填充"选项，设置为无填充颜色。单击"形状轮廓"按钮✏️，在打开的下拉列表中，选择"无轮廓"选项，然后调整文本框大小和位置，如图 1-38 所示。

步骤5　裁剪图片。 选择文本框左侧的图片，在【图片工具-格式】/【大小】组中，单击"裁剪"按钮，调整裁剪区域和位置，如图 1-39 所示。

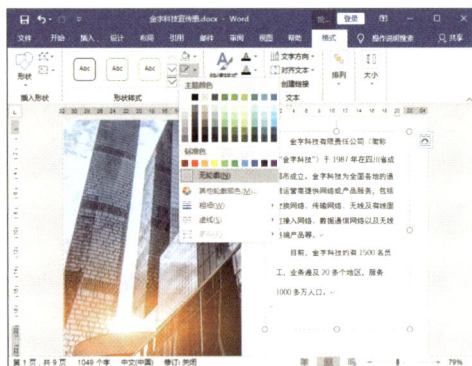

图 1-38　编辑文本框

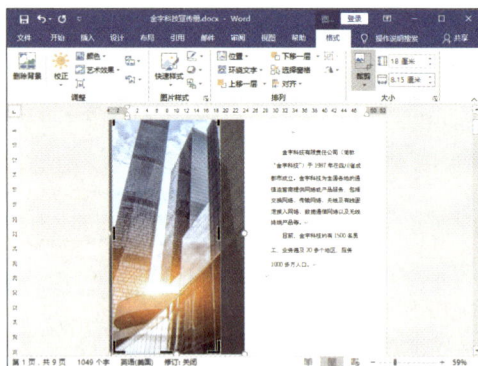

图 1-39　裁剪图片

步骤6　添加并编辑其他文本框。 使用相同的方法，在第 5 页、第 7 页添加文本框，然后调整整个宣传册的图片大小和位置，并设置图片的环绕方式。

3. 设置分栏

分栏即将文本拆分为两栏或多栏。在企业宣传图册中可使用分栏将内容分为两个部分，以增加美观度。具体操作如下。

步骤1　文字两栏显示。 在第 5 页中选择带有项目符号的文字，在【布局】/【页面设置】组中，单击"栏"按钮，在打开的下拉列表中选择"两栏"选项，如图 1-40 所示。

微课视频

设置分栏

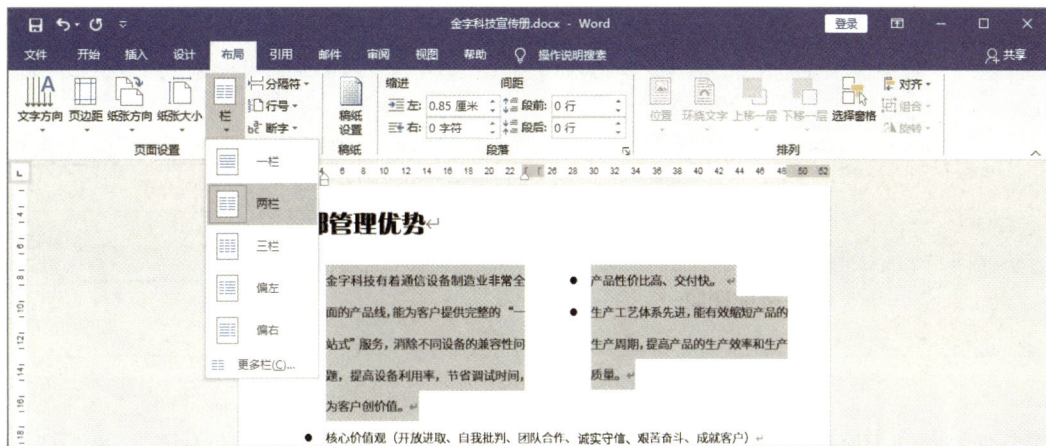

图 1-40 文字两栏显示

步骤 2 查看分栏后的效果。 此时，可以发现选择的文字已经呈两栏显示。

4．设置页眉和页脚

页眉和页脚即文档中页面的顶部和底部区域。在进行文档编辑时，可以在页眉和页脚中添加文本或图形，如页码、日期、文档标题、文件名或作者名等。下面将在金字科技宣传册中添加带有企业名称的页眉，并插入页码。具体操作如下。

微课视频

设置页眉和页脚

步骤 1 添加分隔符。 将文本插入点定位在第 1 页的末尾，在【布局】/【页面设置】组中，单击"分隔符"按钮，在打开的下拉列表中选择"下一页"选项，将在下方自动新建一页，如图 1-41 所示。该操作将使整个文档分割为两个部分，便于后期插入页码。

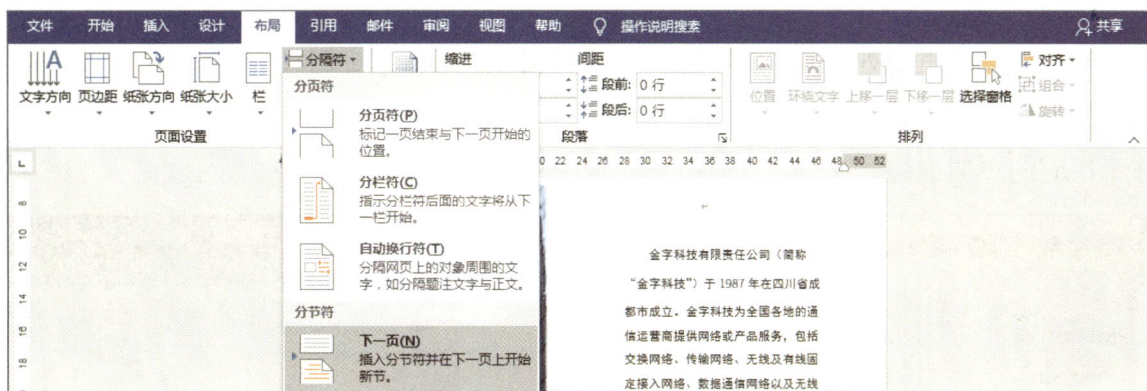

图 1-41 添加分隔符

> 在 Word 中，为了便于后期插入目录和编辑页码，可在前期使用"分隔符"按钮将整个文档分割为多个部分，使后期的操作变得简单。
>
> 提示

步骤 2 选择页眉样式。 将文本插入点定位在第 3 页，在【插入】/【页眉和页脚】组中，单击"页眉"按钮，在打开的下拉列表中选择"母版型"页眉样式，此时页眉呈可编辑状态，如图 1-42 所示。

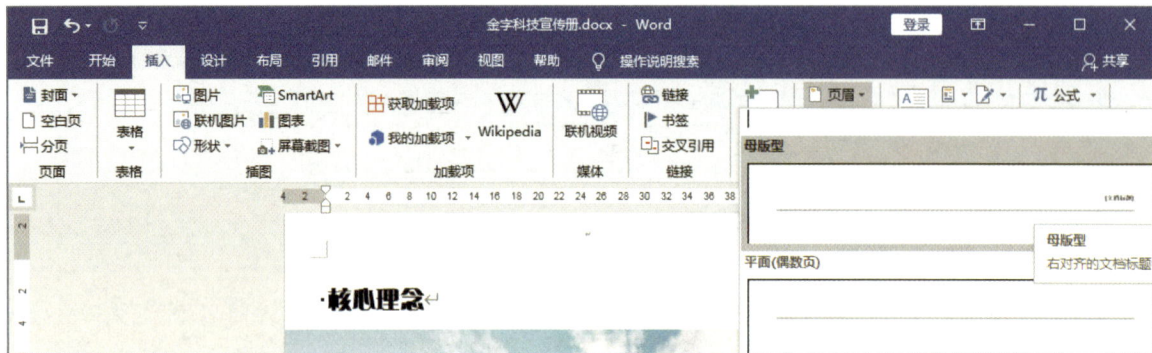

图 1-42　选择页眉样式

步骤 3　输入页眉文字。 在标题处输入"金字科技有限责任公司"，如图 1-43 所示。单击"链接到前一节"按钮，让本页与前面的页面脱离，然后单击"关闭页眉和页脚"按钮。

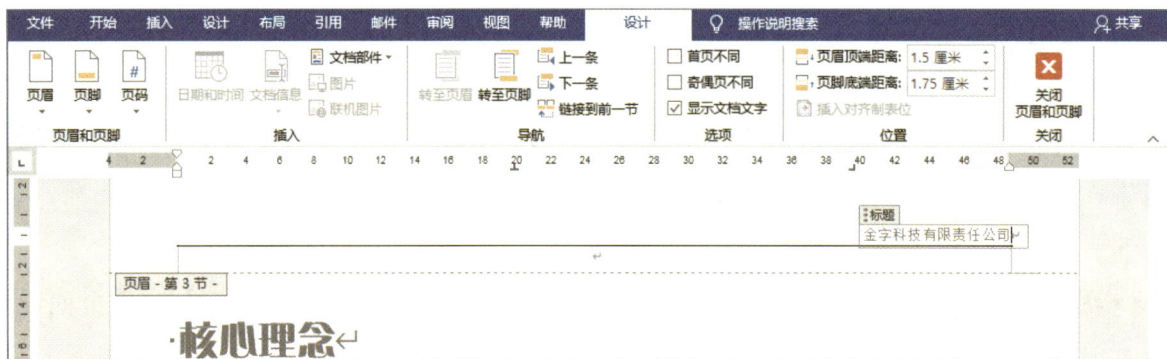

图 1-43　输入页眉文字

步骤 4　删除页眉。 为了使企业简介页、目录页与内页有明显的区分，可将鼠标指针移动到第 1 页的页眉处，双击页眉使其呈可编辑状态，在【页眉和页脚工具 - 设计】/【页眉和页脚】组中，单击"页眉"按钮，在打开的下拉列表中选择"删除页眉"选项，即可删除相应的页眉内容，单击"关闭页眉和页脚"按钮，如图 1-44 所示。

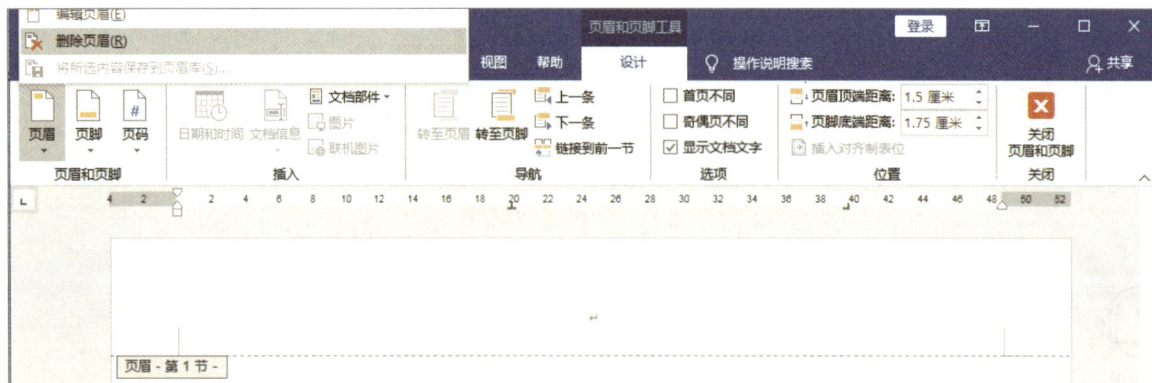

图 1-44　删除页眉

步骤 5　选择"编辑页脚"选项。 将文本插入点移动到第 3 页，在【插入】/【页眉和页脚】组中，单击"页脚"按钮，在打开的下拉列表中选择"编辑页脚"选项，如图 1-45 所示。

图 1-45　选择"编辑页脚"选项

步骤 6　选择"箭头：虚尾"形状。 此时页脚区域呈可编辑状态，在【插入】/【插图】组中，单击"形状"按钮，在打开的下拉列表中选择"箭头：虚尾"形状，如图 1-46 所示。

图 1-46　选择"箭头：虚尾"形状

步骤 7　绘制形状并设置颜色。 在页脚文本插入点的前面拖曳鼠标指针绘制选择的箭头形状。在【绘图工具 - 格式】/【形状样式】组中，单击"形状填充"按钮，在打开的下拉列表中选择"蓝色"选项。单击"形状轮廓"按钮，在打开的下拉列表中选择"酸橙色，个性 3"选项，如图 1-47 所示。

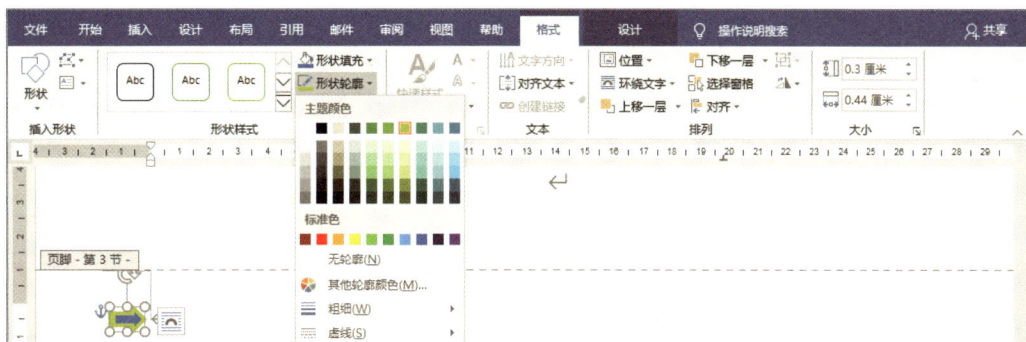

图 1-47　绘制形状并设置颜色

步骤 8　为页脚添加页码。 将文本插入点定位在箭头前，在【页眉和页脚工具 - 设计】/【页眉和页脚】组中，单击"页码"按钮，在打开的下拉列表中选择"当前位置"选项，在弹出的列表中选择"普通数字"选项，为页脚添加页码，如图 1-48 所示。

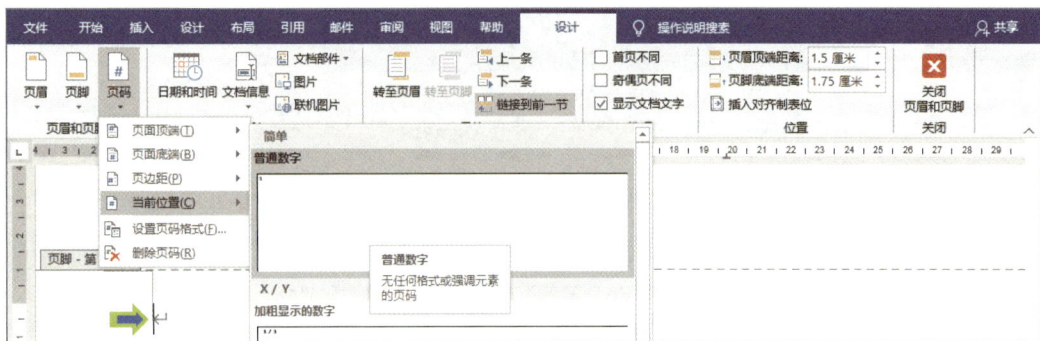

图 1-48　为页脚添加页码

步骤 9　设置起始页码。 在【页眉和页脚工具 - 设计】/【页眉和页脚】组中，单击"页码"按钮 ，在打开的下拉列表中选择"设置页码格式"选项，打开"页码格式"对话框，选中"页码编号"栏中的"起始页码"单选按钮，然后单击 按钮，如图 1-49 所示。

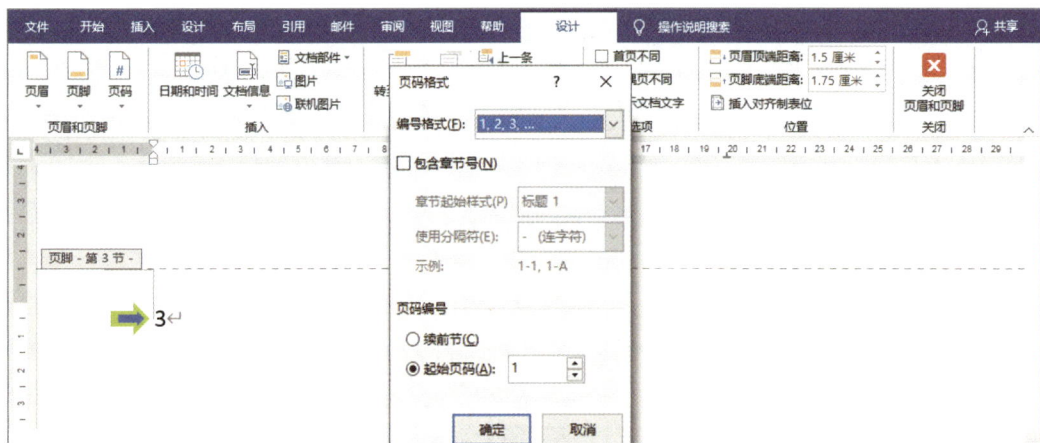

图 1-49　设置起始页码

步骤 10　设置页面脱离。 此时可发现页脚的页码已经从"1"开始了，如图 1-50 所示。为了使内页的内容单独从"1"开始显示，可单击"链接到前一节"按钮 ，使内页页码与前面的页面页码相脱离，然后单击"关闭页眉和页脚"按钮 。

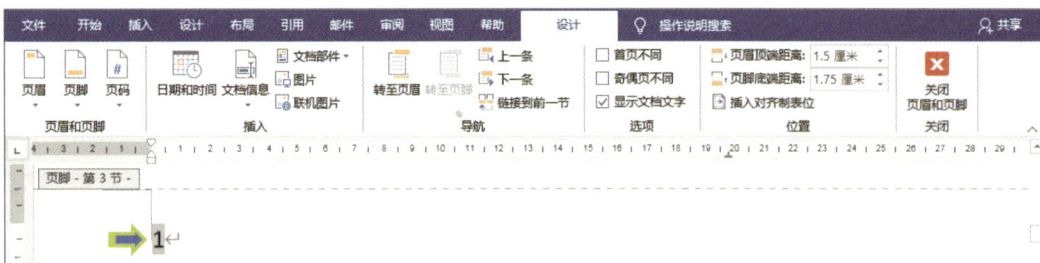

图 1-50　设置页面脱离

步骤 11　删除页脚。 由于前面两页是企业介绍页和目录页，因此不用显示页码。在【页眉和页脚工具 - 设计】/【页眉和页脚】组中，单击"页脚"按钮 ，在打开的下拉列表中选择"删除页脚"选项，即可删除前面两页的页脚内容，然后单击"关闭页眉和页脚"按钮 。

任务 6 美化图册

在制作企业宣传图册时，除了文字与图片外，还经常用到形状、SmartArt 图形、图表等对象，来直观、形象地展示企业宣传内容，起到美化企业宣传图册的作用。

1. 绘制与编辑形状

在 Word 中，运用形状绘制工具，可绘制出如线条、基本形状、箭头总汇、流程图、星与旗帜等图形，并且还可根据需要编辑绘制的形状，使文档整体更加美观。下面将继续在金字科技宣传册中插入形状，并编辑形状。具体操作如下。

> 微课视频
>
> 绘制与编辑形状

步骤 1　选择形状。 将文本插入点移动到第 1 页中，在【插入】/【插图】组中，单击"形状"按钮，在打开的下拉列表中选择"矩形"选项，如图 1-51 所示。

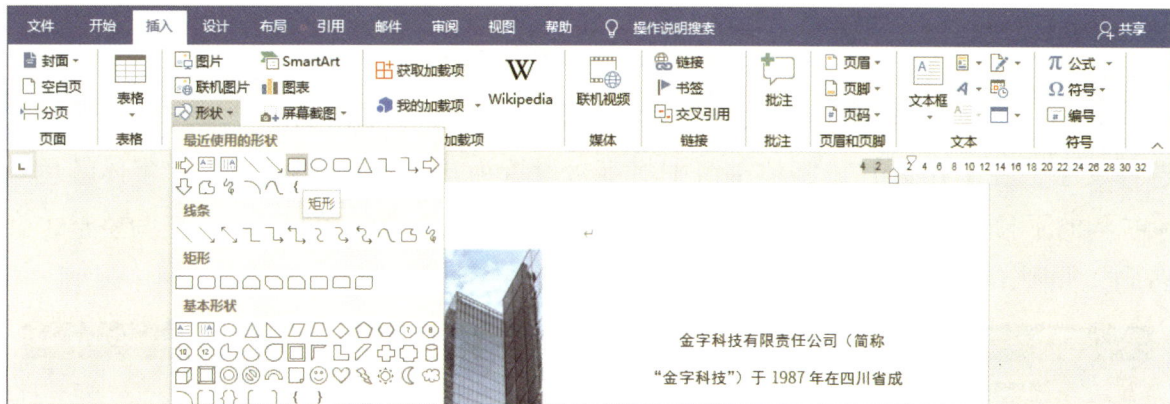

图 1-51　选择形状

步骤 2　绘制矩形。 此时鼠标指针变成+形状，在需要绘制形状的位置按住鼠标左键不放，拖曳鼠标指针绘制需要的矩形，如图 1-52 所示。

图 1-52　绘制矩形

步骤 3　修改填充颜色。 选择形状，在【绘图工具 - 格式】/【形状样式】组中单击"形状填充"按钮，在打开的下拉列表中选择"蓝色"选项。

步骤4　修改形状轮廓。 单击"形状轮廓"按钮，在打开的下拉列表中选择"无轮廓"选项，取消形状轮廓。

步骤5　设置环绕方式。 在【绘图工具 - 格式】/【排列】组中单击"环绕文字"按钮，在打开的下拉列表中选择"衬于文字下方"选项，即可调整形状的环绕方式，如图1-53所示。使用相同的方法设置左侧图片的环绕方式为"衬于文字下方"。

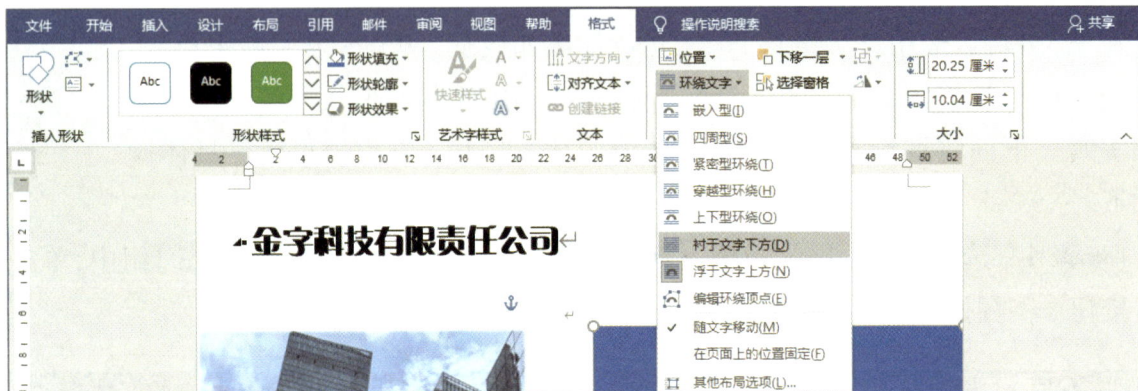

图1-53　设置环绕方式

步骤6　调整文字的显示方式。 选择右侧的图片，拖曳四周的控制点放大图片，然后选择文字，在【开始】/【字体】组中将字号设置为"四号"，然后单击"字体颜色"按钮A右侧的下拉按钮，在打开的下拉列表中选择"白色，背景1"选项，并调整整个文字的布局，如图1-54所示。

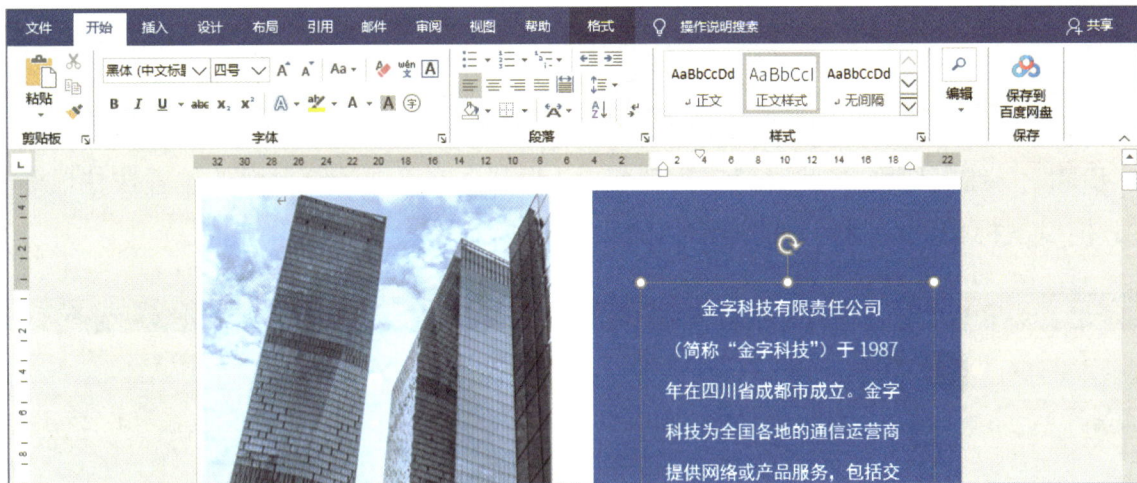

图1-54　调整文字的显示方式

步骤7　选择"直线"选项。 在【插入】/【插图】组中单击"形状"按钮，在打开的下拉列表中选择"直线"选项。此时鼠标指针变成+形状，在文字的上方按住鼠标左键不放并拖曳鼠标指针绘制直线。

步骤8　修改直线颜色。 选择直线，在【绘图工具 - 格式】/【形状样式】组中单击"形状轮廓"按钮，在打开的下拉列表中选择"白色，背景1"选项，如图1-55所示。然后在文字的下方绘制相同的直线。

图1-55 修改直线颜色

步骤9 绘制蓝色矩形并添加文字。 选择第2页，在页面的左下方绘制蓝色矩形，在【绘图工具 - 格式】/【大小】组中设置"形状高度"为"12厘米"，设置"形状宽度"为"7厘米"，单击"环绕文字"按钮，在打开的下拉列表中选择"衬于文字下方"选项。选择矩形，在其上单击鼠标右键，在弹出的快捷菜单中选择"添加文字"命令，如图1-56所示。

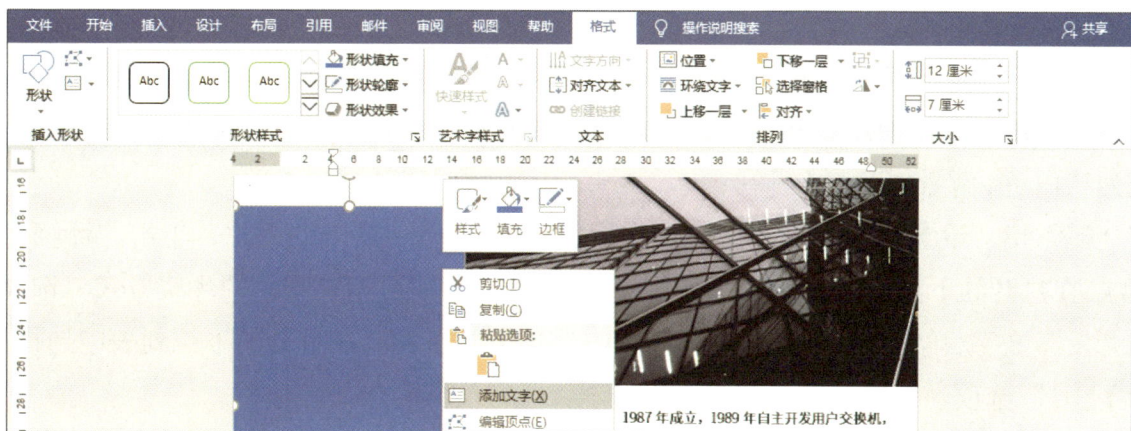

图1-56 为蓝色矩形添加文字

步骤10 输入并复制文字格式。 在矩形中输入"发展历程"，选择上方的标题文字，单击"格式刷"按钮，然后在下方文字上拖曳，复制文字格式，并删除上方的标题文字。效果如图1-57所示。

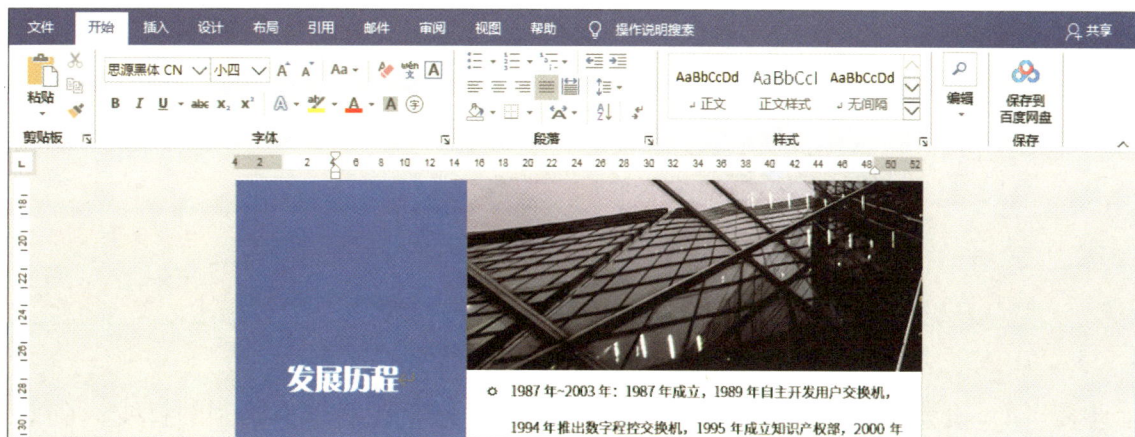

图1-57 输入并复制文字格式后的效果

步骤 11　绘制白色矩形。 为了增加整个页面的美观度，在矩形的上方绘制颜色为"白色，背景 1"的矩形，用于遮盖多余的线条。效果如图 1-58 所示。

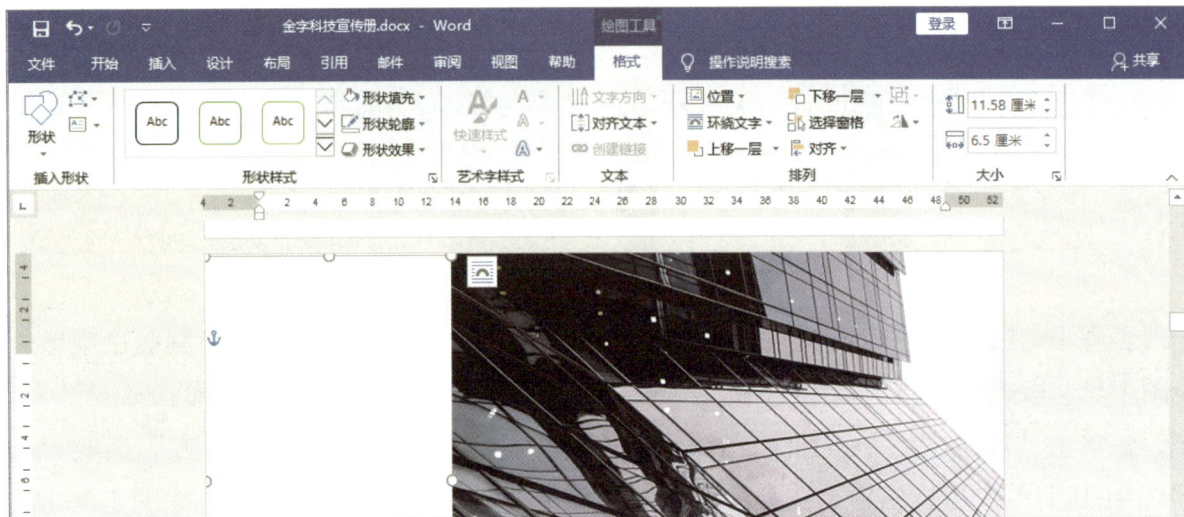

图 1-58　绘制白色矩形后的效果

步骤 12　绘制其他矩形。 使用相同的方法在第 3 页的中间绘制矩形并输入文字，然后删除上方的标题。使用相同的方法，在第 4 页的标题和正文右侧，绘制矩形并修改文字颜色为"白色，背景 1"。

步骤 13　设置环绕方式并调整文字颜色。 选择第 5 页中的图片，单击"环绕文字"按钮，在打开的下拉列表中选择"衬于文字下方"选项，即可调整图片的环绕方式。选择"研究与开发"文字，单击"字体颜色"按钮 A 右侧的下拉按钮，在打开的下拉列表中选择"白色，背景 1"选项。效果如图 1-59 所示。

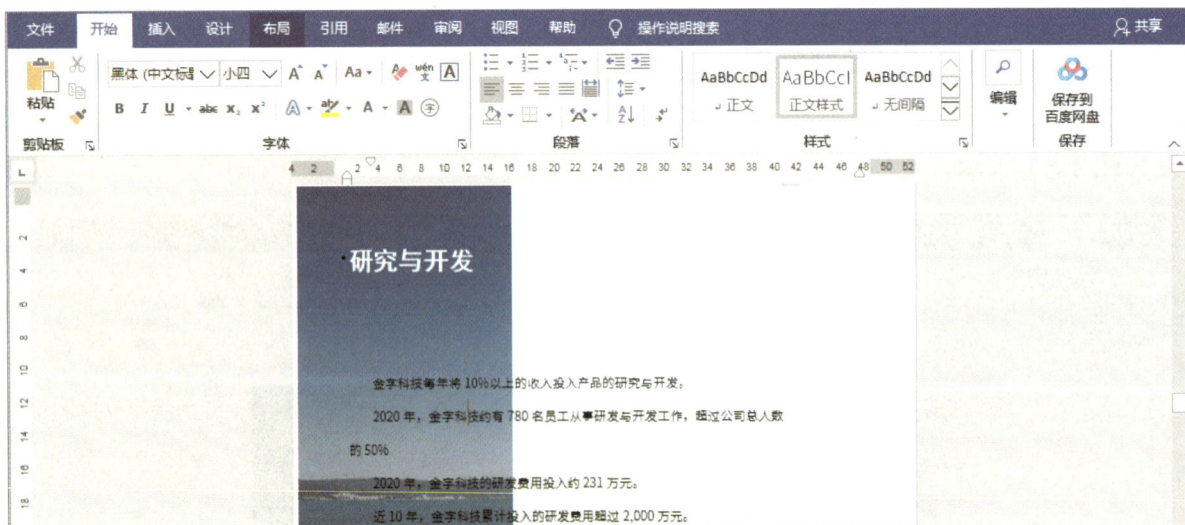

图 1-59　设置环绕方式并调整文字颜色后的效果

步骤 14　设置形状轮廓。 在图片的右侧绘制 4 条直线。选择绘制的直线，在【绘图工具 - 格式】/【形状样式】组中单击"形状轮廓"按钮，在打开的下拉列表中选择"黑色，文字 1，淡色 50%"选项，然后选择"粗细"选项，在打开的子列表中选择"2.25 磅"选项，设置直线粗细，如图 1-60 所示。

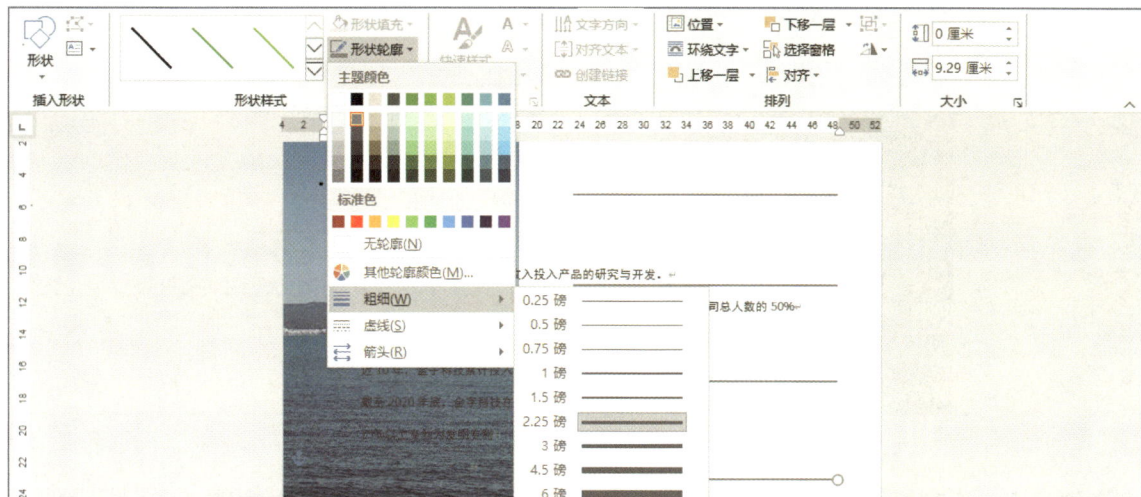

图 1-60　设置形状轮廓

步骤 15　绘制椭圆。 在【插入】/【插图】组中单击"形状"按钮，在打开的下拉列表中选择"椭圆"选项，在直线的下方绘制颜色分别为"蓝色""橙色""白色，背景 1，深色 15%"的 3 个椭圆，如图 1-61 所示。

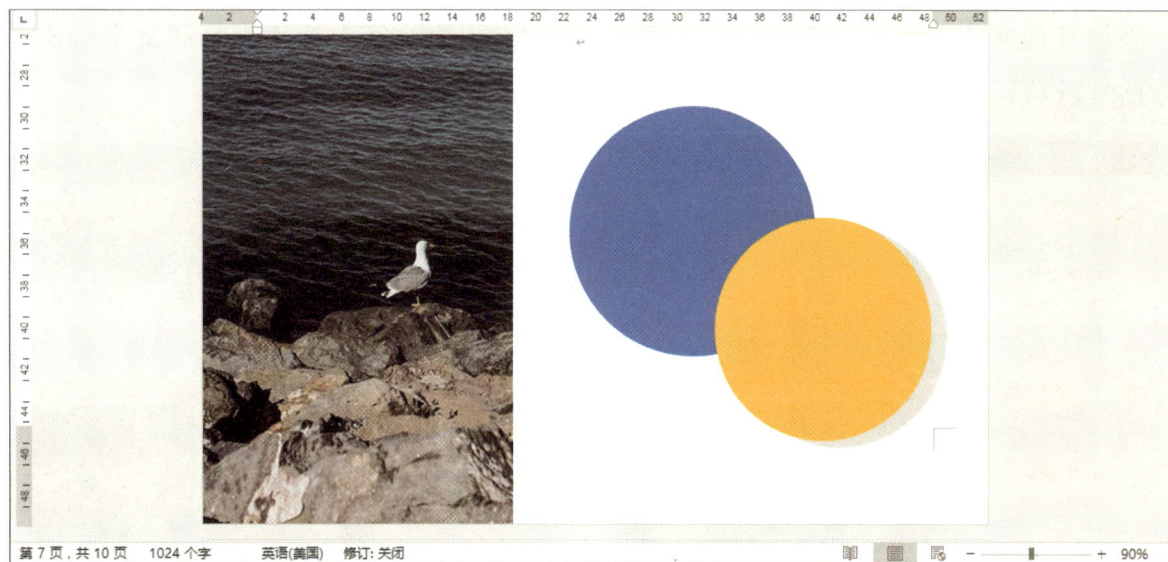

图 1-61　绘制椭圆

步骤 16　输入文字。 在直线的上方和椭圆的上方分别绘制文本框，然后依次输入右侧的数据，对主要内容放大、加粗，并将颜色分别修改为"蓝色""橙色"，完成后删除右侧多余的内容。效果如图 1-62 所示。

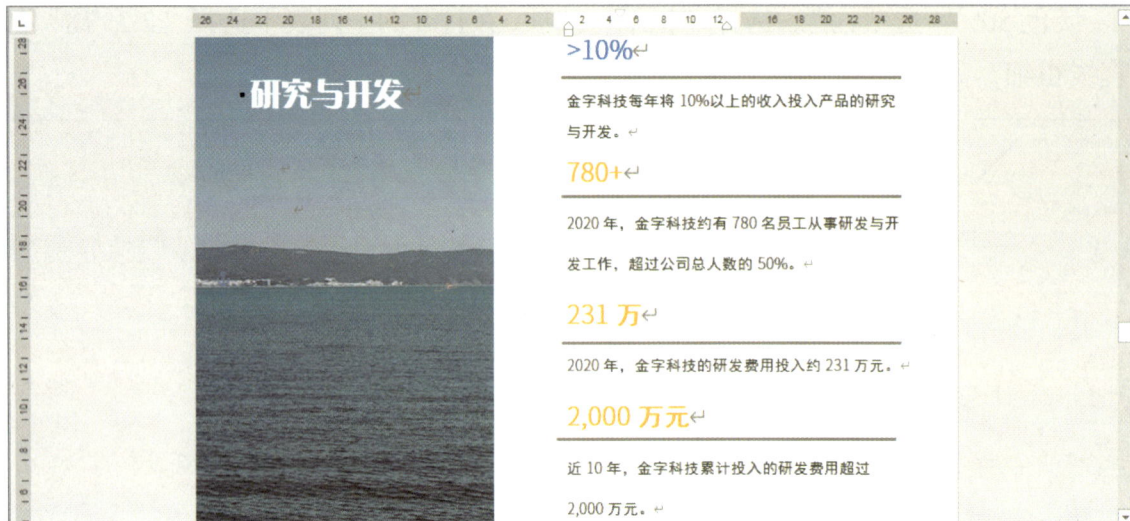

图 1-62　输入文字后的效果

步骤 17　绘制矩形。再次绘制不同大小的矩形，并将颜色修改为图 1-63 所示的颜色，然后在矩形的左侧绘制文本框，并将文字添加到文本框中，取消轮廓线。

步骤 18　添加文字。选择浅蓝色的矩形，单击鼠标右键，在弹出的快捷菜单中选择"添加文字"命令，在矩形中输入括号中的文字内容，这里输入"数字包容"，选择上方的标题文字，设置"字体"为"方正兰亭圆 _GBK_ 中"，"字号"为"二号"。使用相同的方法，添加其他文字，单击"格式刷"按钮 ，然后在下方文字上拖曳，复制文字格式，并删除括号以及其中的文字。设置完成后的效果如图 1-64 所示。

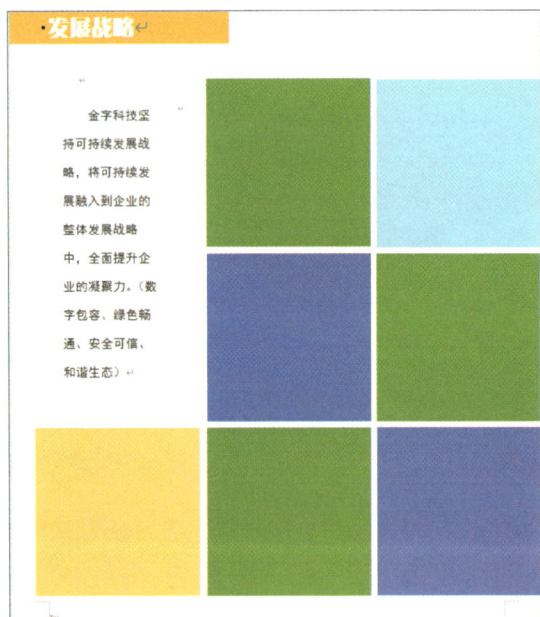

图 1-63　绘制矩形

图 1-64　添加文字后的效果

步骤 19　设置图片格式。选择第一个绿色矩形，单击鼠标右键，在弹出的快捷菜单中选择"设置形状格式"命令，打开"设置图片格式"窗格，选中"图片或纹理填充"单选按钮，单击 文件(F)… 按钮，如图 1-65 所示。

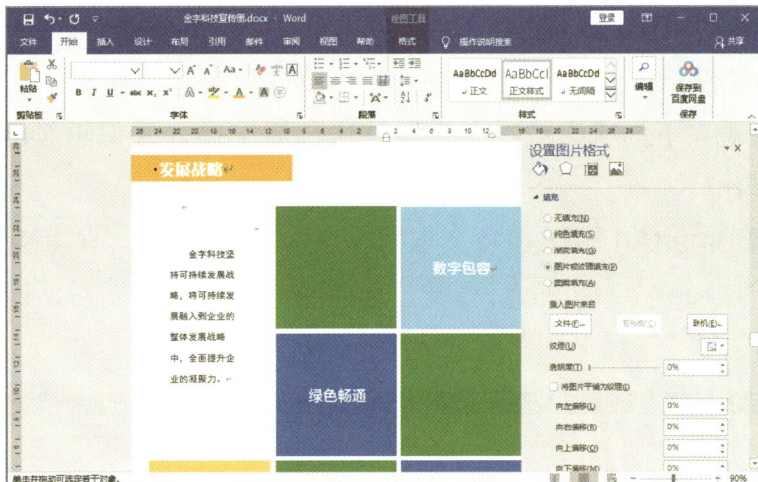

图 1-65 设置图片格式

步骤 20　插入图片。 打开"插入图片"对话框，选择图片的保存位置，然后选择"6.png"素材，单击 插入(S) 按钮。使用相同的方法，为其他绿色矩形添加素材，如图 1-66 所示。

步骤 21　绘制其他矩形。 将文本插入点移动到第 7 页，调整图片和文字的位置，然后在正文文字的下方绘制矩形，并修改文字颜色。效果如图 1-67 所示。

图 1-66　插入图片

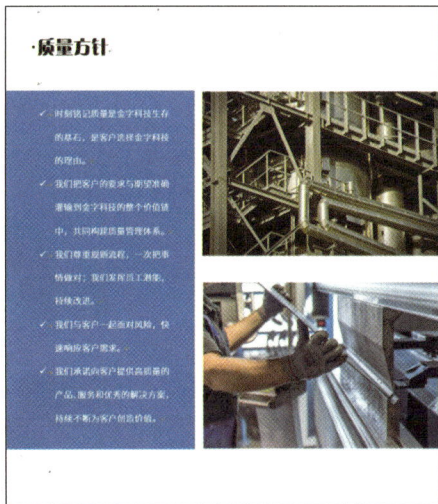

图 1-67　绘制其他矩形

提示　设置和调整好图片后，如果想保留图片效果，换成其他图片，可通过执行"更改图片"命令快速实现。其方法是：选择图片，单击"图片工具"选项卡中的"更改图片"按钮，打开"更改图片"对话框，选择用于替换的图片，单击 打开 按钮，将选择的图片更改为打开的图片，并保留原图片的轮廓、颜色等效果。

资源链接　在编辑形状时，为了使整个页面更加美观，可对形状的顶点进行编辑。通过配套资源提供的"电子活页"文档内容，查看如何编辑形状顶点。

电子活页

编辑形状顶点

2. 插入并编辑 SmartArt 图形

SmartArt 图形能够以图示化的形式展示文本信息和观点，使文字间的关联性更加清晰、直观。下面将继续在金字科技宣传册中插入并编辑 SmartArt 图形。具体操作如下。

微课视频
插入并编辑 SmartArt 图形

步骤 1　选择 SmartArt 图形。 将文本插入点移动到第 4 页，在【插入】/【插图】组中单击 "SmartArt" 按钮，打开 "选择 SmartArt 图形" 对话框，在左侧选择 "循环" 选项，在右侧选择 "连续循环" 选项，单击 确定 按钮，如图 1-68 所示。

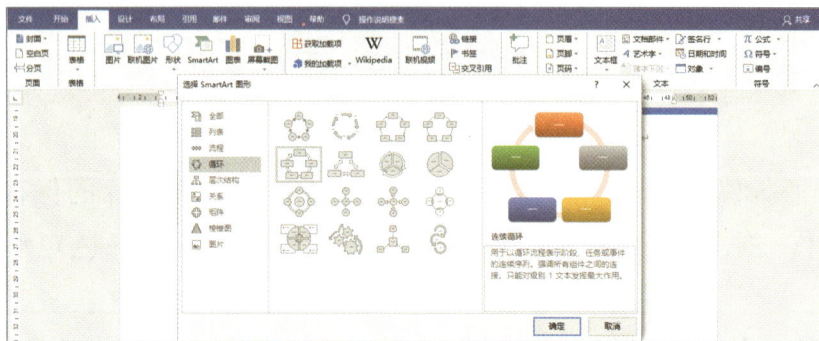

图 1-68　选择 SmartArt 图形

步骤 2　在 SmartArt 图形中输入文字。 此时在页面的空白处可发现已经添加了选择的 SmartArt 图形，调整 SmartArt 图形位置，单击 按钮，打开 "在此处键入文字" 窗格，输入展现核心价值观后的文字。若图形不够，可按【Enter】键添加，并继续输入文字，如图 1-69 所示。

图 1-69　在 SmartArt 图形中输入文字

步骤 3　更改 SmartArt 图形颜色。 选择 SmartArt 图形，在【SmartArt 工具 - 设计】/【SmartArt 样式】组中，单击 "更改颜色" 按钮，在打开的下拉列表中选择 "彩色范围 - 个性色 5 至 6" 选项，即可更改 SmartArt 图形颜色，如图 1-70 所示。

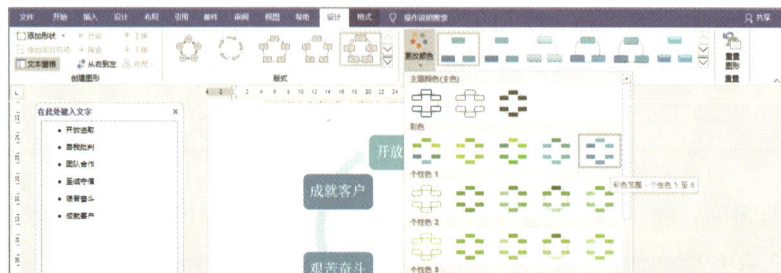

图 1-70　更改 SmartArt 图形颜色

步骤 4　修改字体。 选择 SmartArt 图形，将字体修改为"方正粗倩 _GBK"，然后在中间区域添加文本框，并输入"核心价值观"。效果如图 1-71 所示。

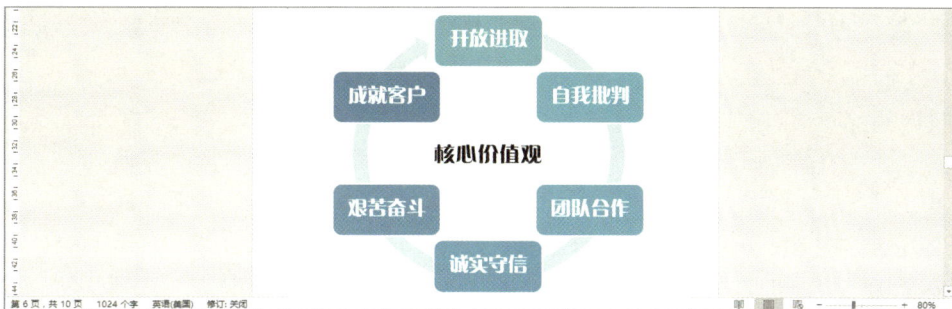

图 1-71　修改字体、添加文字后的效果

3. 插入并编辑图表

在制作图册时，经常需要展示一些数据，与 SmartArt 图形相比，图表更能直观、形象地展示数据。下面将继续在金字科技宣传册中插入并编辑图表，增强数据的展现效果。具体操作如下。

> 微课视频
>
> 插入并编辑图表

步骤 1　选择图表。 将文本插入点定位到第 8 页，在【插入】/【插图】组中单击"图表"按钮，打开"插入图表"对话框，在左侧选择"柱形图"选项，在右侧选择"簇状柱形图"选项，单击 确定 按钮，如图 1-72 所示。

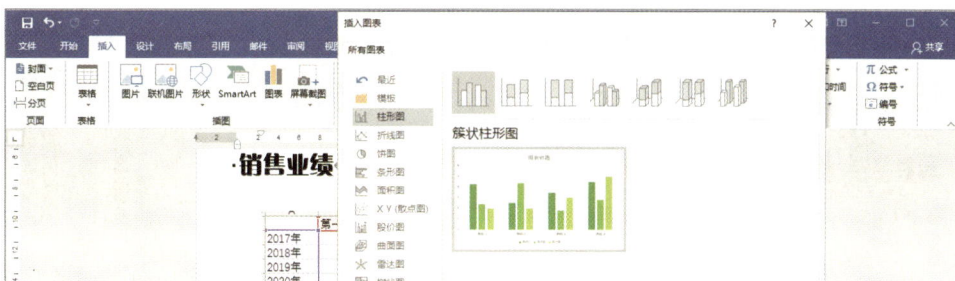

图 1-72　选择图表

步骤 2　设置工作表参数。 打开"Microsoft Word 中的图表"工作表，将文档中的参数输入工作表中，如图 1-73 所示。完成后单击"关闭"按钮。

图 1-73　设置工作表参数

步骤 3　修改图表样式。 删除素材图片，并将添加的图表放大，然后在【图表工具 - 设计】/【图表样式】组中单击其右侧的下拉按钮，在打开的下拉列表中选择"样式 6"选项。

步骤 4 输入图表标题。 选择图表标题，输入"企业业绩（万元）"，如图 1-74 所示。

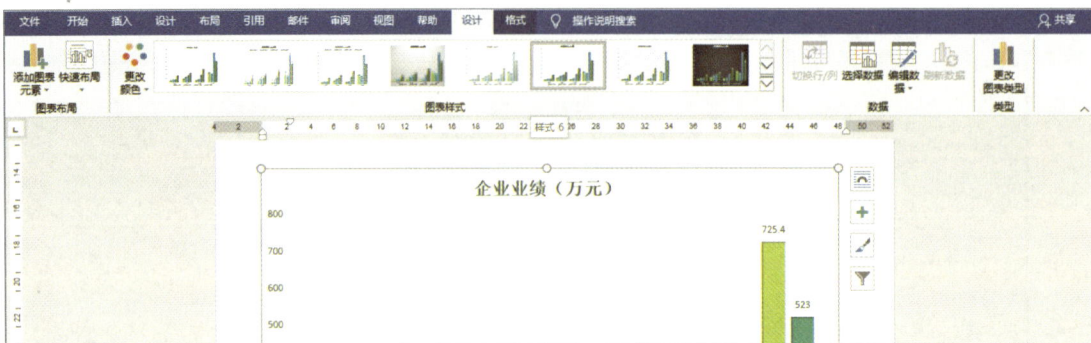

图 1-74 输入图表标题

步骤 5 更改图表字号。 选择所有文字，单击"增大字号"按钮 A 增加字号，并将图表标题字体加粗显示。效果如图 1-75 所示。

步骤 6 更改图表颜色。 在【图表工具 - 设计】/【图表样式】组中单击"更改颜色"按钮 ，在打开的下拉列表中选择"彩色调色板 4"选项，更改图表颜色，如图 1-76 所示。在【图表工具 - 格式】/【形状样式】组中，取消轮廓，并设置填充颜色。

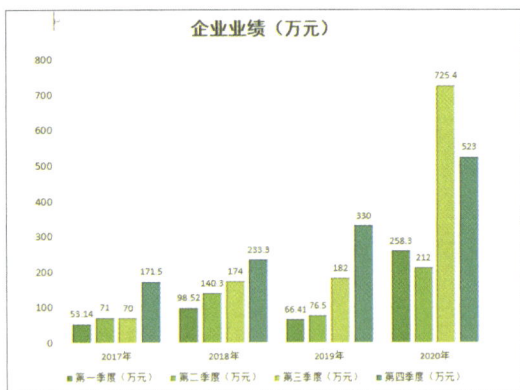

图 1-75 更改图表字号后的效果

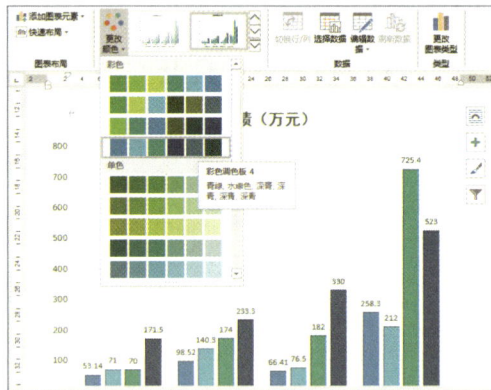

图 1-76 更改图表颜色

小组
交流
（1）分组使用 SmartArt 创建图形，并讨论如何将二十四节气进行结合展示。
（2）分组练习在二十四节气图册中创建图表，并练习美化图表。

课堂笔记

任务 **7** 编辑图册自动引用信息

目录是整个图册中不可或缺的一部分。当完成对图册的美化操作后，即可进入预留的目录页，制作目录页背景，并使用引用目录的方法添加目录。

1. 制作目录页背景

目录页是图册中非常重要的页面，因此，在引用和编辑目录前，可先制作目录页背景，包括艺术字、图片的插入、背景的美化等，以提升整个目录页的美观度。具体操作如下。

> 微课视频
>
> 制作目录页背景

步骤 1　选择艺术字样式。将文本插入点定位在第 2 页的文本插入点处，在【插入】/【文本】组中，单击"艺术字"按钮，在打开的下拉列表中选择第一个艺术字样式，在文本框中输入"目录"，如图 1-77 所示。

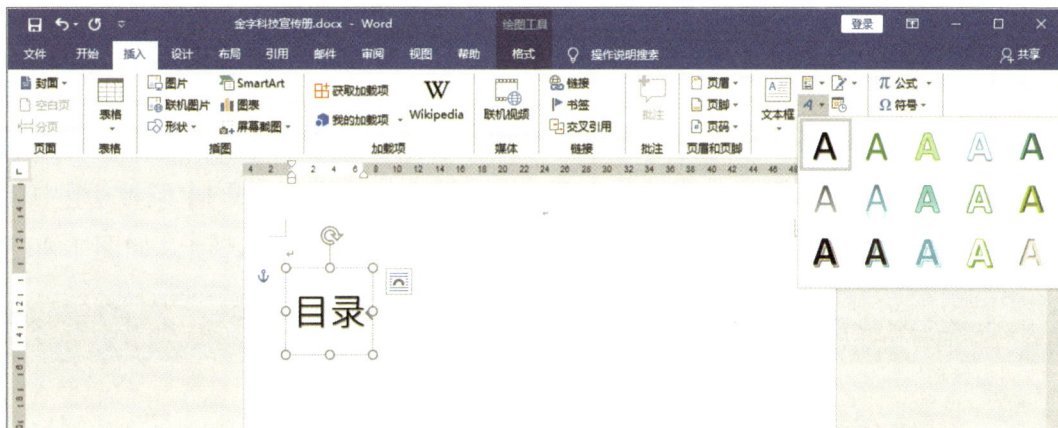

图 1-77　选择艺术字样式并输入文字

步骤 2　绘制矩形。将文本框移动到中间区域，并在文字中间添加空格，使用"矩形"形状工具在目录文字的下方绘制图 1-78 所示的矩形，并设置填充颜色分别为"白色，背景 1，深色 35%""青绿，个性 6"，并将文字颜色修改为"白色，背景 1"。

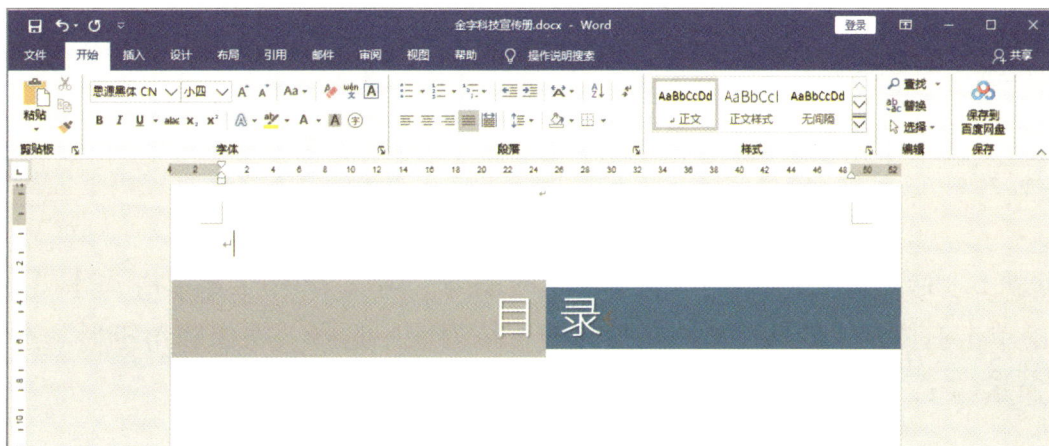

图 1-78　绘制矩形

　　步骤3　插入图片。 在【插入】/【插图】组中单击"图片"按钮□，打开"插入图片"对话框，选择图片的保存位置，然后选择图 1-79 所示的图片作为素材，单击 插入(S) ▼ 按钮；然后调整环绕方式。

图 1-79　插入图片

　　步骤4　选择颜色样式。 选择添加的图片，在【图片工具 - 格式】/【调整】组中单击"颜色"按钮□，在打开的下拉列表中选择"重新着色"栏的"冲蚀"选项，如图 1-80 所示。

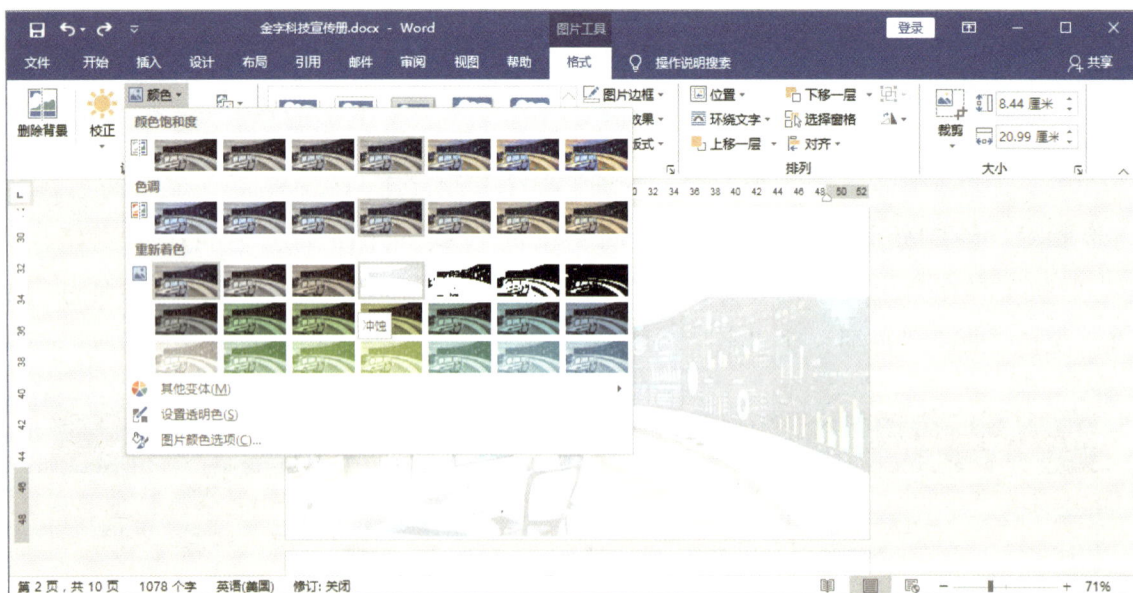

图 1-80　选择颜色样式

　　步骤5　选择图片样式。 选择添加的图片，在【图片工具-格式】/【图片样式】组中单击右侧的下拉按钮□，在打开的下拉列表中选择"映像圆角矩形"选项，如图 1-81 所示。

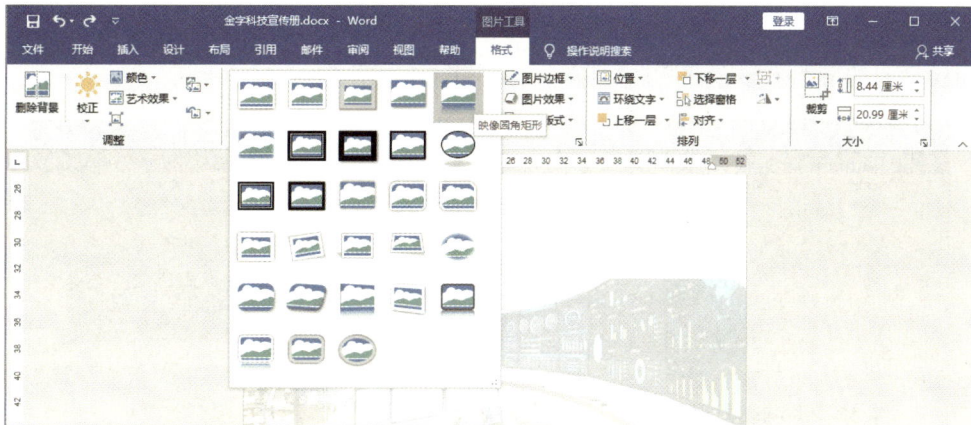

图 1-81 选择图片样式

步骤 6 调整图片位置。选择图片，向上进行拖曳，调整整个图片的位置。

2. 插入与编辑目录

目录可以帮助客户简单地了解文档包含的内容以及文档的整体结构。在 Word 中，可以通过提供的目录样式自动生成目录，也可以自定义提取目录。下面将在制作好的目录背景中插入并编辑目录。具体操作如下。

步骤 1 设置目录显示级别。将文本插入点定位到"目录"文本下方，在【引用】/【目录】组中，单击"目录"按钮📄，在打开的下拉列表中选择"自定义目录"选项，打开"目录"对话框，在"目录"选项卡"常规"栏中的"显示级别"的数值框中输入"1"，单击 确定 按钮，如图 1-82 所示。

> 微课视频
> 插入与编辑目录

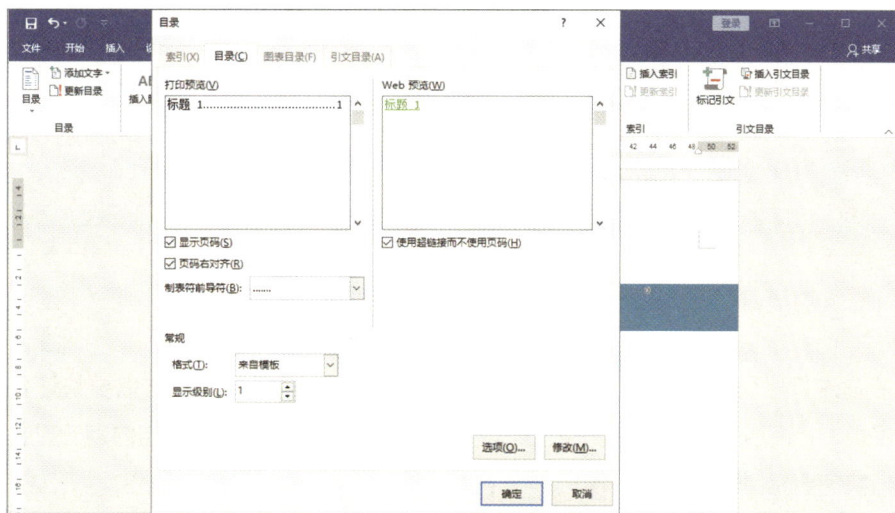

图 1-82 设置目录显示级别

> **提示**
>
> 若 Word 文档中提供了目录样式，可根据选择的目录样式自动生成对应的目录。其方法是：将文本插入点定位到文档需要插入目录的位置，单击"目录"按钮📄，在打开的下拉列表中选择需要的目录样式，根据选择的样式在文本插入点处插入自动生成的目录，同时打开"目录"导航窗格，插入的目录将单独占据一页。

步骤2　查看添加的目录。 返回文本的编辑区域，可发现在空白处已经添加了目录，调整目录的位置，并删除多余的目录内容，如图1-83所示。

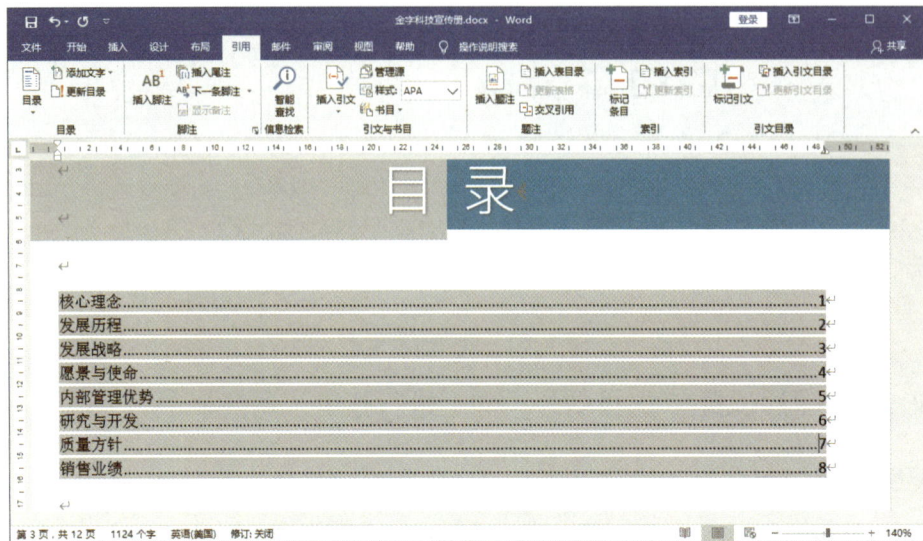

图1-83　查看添加的目录

步骤3　设置目录字体和字号。 选择目录，设置目录的"字体"为"思源黑体 CN Normal"、"字号"为"小四"。效果如图1-84所示。

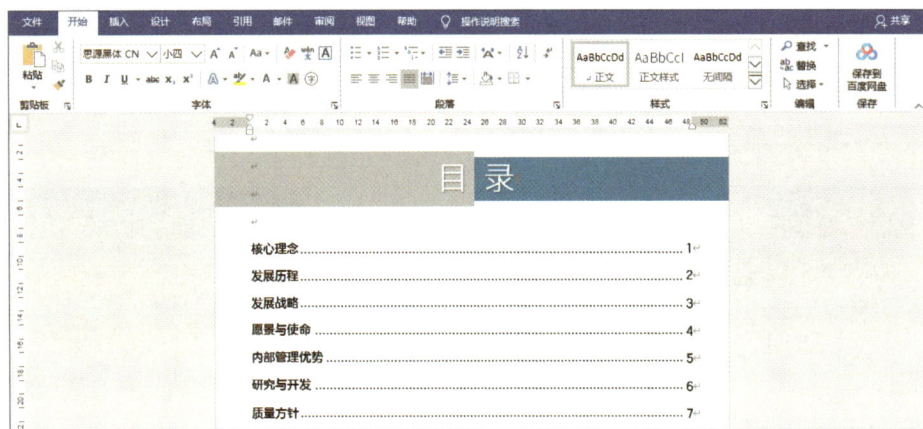

图1-84　设置目录字体和字号后的效果

资源链接

电子活页

在进行目录的插入时，插入的目录常常会存在一些错误，此时需要快速更新目录，提高目录的准确性。通过配套资源提供的"电子活页"文档内容，查看如何快速更新目录。

快速更新目录

小组交流

（1）分组练习，使用前面学习的知识，对制作的二十四节气图册添加目录并对目录样式进行修改。

（2）分组交流，了解并掌握快速判断目录内容是否正确的方法。

任务 8 制作封面、封底并完成装帧设计

封面可以使图册整体显得更加规范，而封底起到显示企业基础信息的作用，加深客户对企业的印象。为了增加图册装帧的美观度，在进行封面和封底设计时，要提前预留好装帧位置。

1．制作封面

封面是整个图册的"门面"，好的封面可起到快速吸引客户注意力、提升客户阅读积极性的作用。下面将在金字科技宣传册中插入封面，然后对封面内容进行设计。具体操作如下。

微课视频
制作封面

步骤 1　选择封面样式。 将文本插入点定位在第 1 页的开头，在【插入】/【页面】组中单击"封面"按钮，在打开的下拉列表中选择"离子（浅色）"选项，此时将插入选择的封面，如图 1-85 所示。

图 1-85　选择封面样式

步骤 2　绘制形状。 在【插入】/【插图】组中单击"形状"按钮，在打开的下拉列表中选择"流程图：手动输入"选项。此时鼠标指针变成＋形状，在文字的上方按住鼠标左键不放，拖曳鼠标指针绘制形状，如图 1-86 所示。

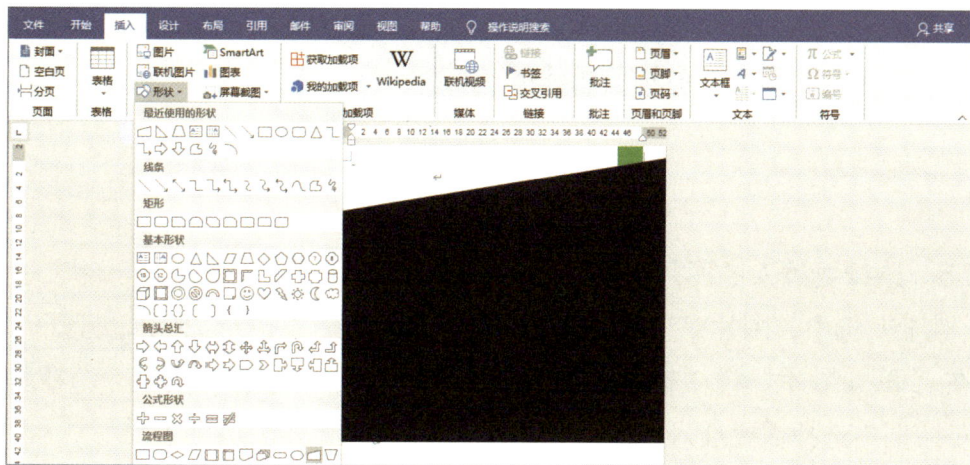

图 1-86　绘制形状

步骤3　绘制三角形。 单击"形状"按钮 ，在打开的下拉列表中选择"三角形"选项，在封面中插入不同颜色的三角形，并对三角形进行旋转操作。效果如图1-87所示。

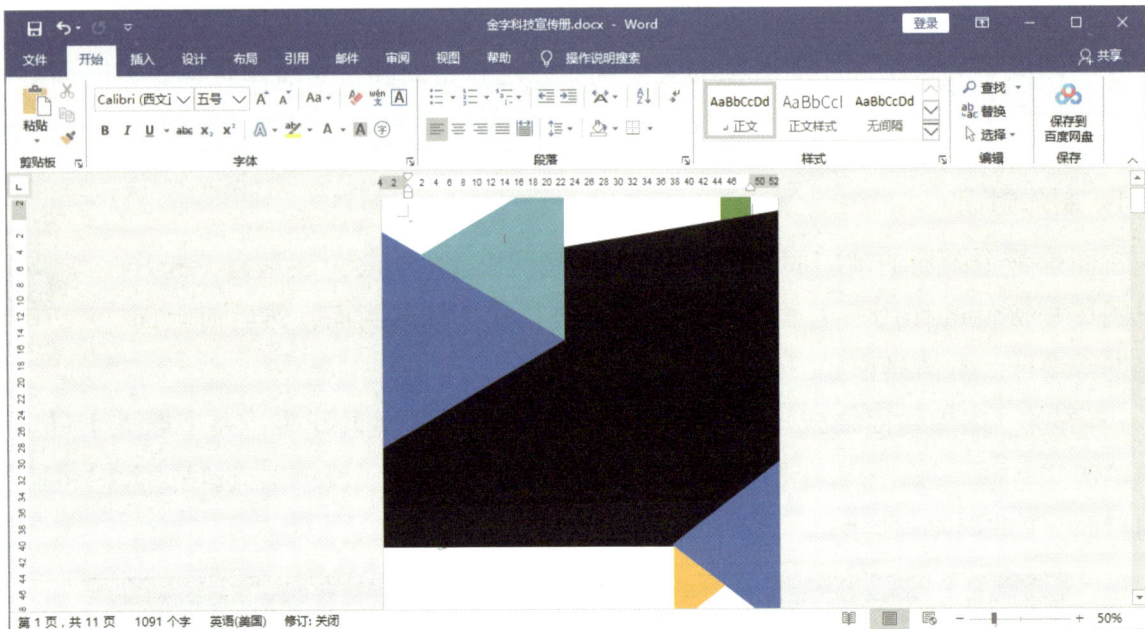

图1-87　绘制三角形后的效果

步骤4　设置形状格式。 选择上方绘制的三角形，单击鼠标右键，在弹出的快捷菜单中选择"设置形状格式"命令，打开"设置形状格式"窗格，选中"纯色填充"单选按钮，设置不透明度分别为"20%"和"62%"，并将"流程图：手动输入"形状置于底层。效果如图1-88所示。

图1-88　设置形状格式后的效果

步骤5　选择要插入的图片。 选择绘制的"流程图：手动输入"形状，打开"设置图片格式"窗格，选中"图片或纹理填充"单选按钮，然后单击 按钮，打开"插入图片"对话框，在"联机图片"栏中输入"高楼"，然后单击"搜索"按钮 ，在打开的"联机图片"对话框中选择需要插入的图片，单击 插入 按钮，如图1-89所示。

图 1-89　选择要插入的图片

步骤 6　修改文字并设置时间。 修改文本框中的文本，然后将其移动到图片的右侧，并修改字体大小、位置和颜色，然后单击"年份"栏右侧的下拉按钮，在打开的下拉列表中单击 今日(T) 按钮，如图 1-90 所示。

图 1-90　修改文字并设置时间

步骤 7　调整形状。 完成文字的输入后，调整各个形状的大小和位置，使整个封面更加美观。

2. 制作封底

封面制作完成后，为了整个图册的完整性还需要制作封底。下面将继续在金字科技宣传册中制作封底。具体操作如下。

步骤 1　分割页面。 将文本插入点定位到文档结尾处，在【布局】/【页面设置】组中，单击"分隔符"按钮，在打开的下拉列表中选择"下一页"选项，将在下方自动新建一页。

步骤 2　删除页眉和页脚。 双击页眉使其呈可编辑状态，单击"链接到前一节"按钮，取消链接，然后在【页眉和页脚工具 - 设计】/【页眉和页脚】组中，单击"页眉"按钮，在打开的下拉列表中选择"删除页眉"选项，删除页眉内容，单击"关闭页眉和页脚"按钮。使用相同的方法删除页脚。

步骤3　绘制矩形并添加图片。 使用和前面相同的方法，绘制 3 个矩形，并在中间矩形上添加图 1-91 所示的联机图片。

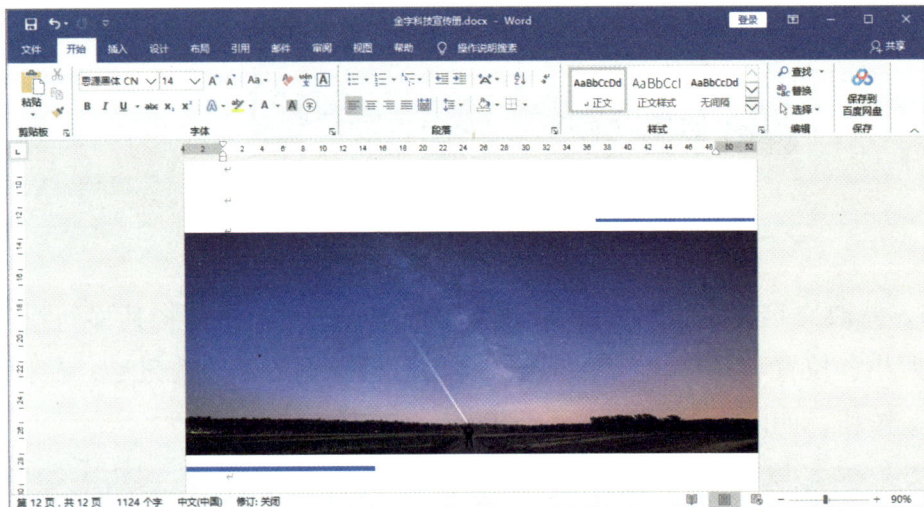

图 1-91　绘制矩形并添加图片

步骤4　输入文字。 使用和前面相同的方法，在矩形的下方输入文字，完成后保存。效果如图 1-92 所示（配套资源：效果 \ 模块一 \ 金字科技宣传册 .docx）。

图 1-92　输入文字后的效果

3. 选择装帧方式

完成金字科技宣传册的制作后，需要选择装帧方式，这里选择骑马订。因为骑马订装帧的样本 P 数（P 数指页数）须为 4 的倍数，整个宣传册共有 12 页，所以符合宣传图册装帧需求。而且骑马订具有成本低、工艺简单、交货周期短、书页能平摊、方便阅读等特点，符合金字科技宣传册的需求。

任务 9 打印图册或生成图册文档

完成图册的制作后，即可对图册进行打印或导出操作。下面将对完成的金字科技宣传册进行打印操作，打印时需要先进行打印选项设置，然后设置打印参数，之后才可进行打印操作，完成后还可对图册进行导出操作。具体操作如下。

> 微课视频
>
> 打印图册或生成图册文档

步骤 1 设置打印选项。 选择【文件】/【选项】命令，打开"Word 选项"对话框，在左侧选择"显示"选项，在右侧取消勾选"始终在屏幕上显示这些格式标记"栏中的所有复选框，勾选"打印选项"栏中的前 4 个复选框，单击 **确定** 按钮，如图 1-93 所示。

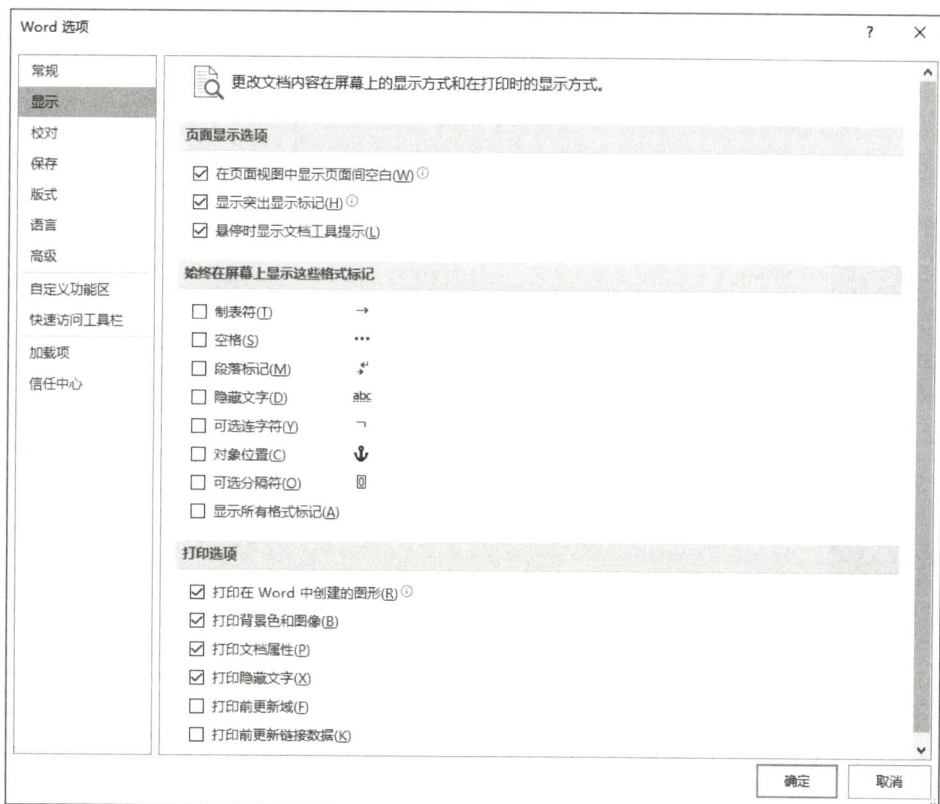

图 1-93 打印选项设置

步骤 2 设置打印参数。 选择【文件】/【打印】命令，在左侧依次设置打印的具体参数，在右侧可查看预览效果，完成后设置"份数"为"1"，单击"打印"按钮，如图 1-94 所示。

> **提示**
>
> 单击"打印机属性"超链接，将打开打印机属性对话框，在其中可查看打印机的基本信息。除此之外，还可设置纸张大小、方向、份数、介质类型、分辨率等内容。

图 1-94　设置打印参数

步骤 3　单击"创建 PDF/XPS"按钮。 选择【文件】/【导出】命令，在"导出"面板中选择"创建 PDF/XPS 文档"选项，然后单击"创建 PDF/XPS"按钮，如图 1-95 所示。

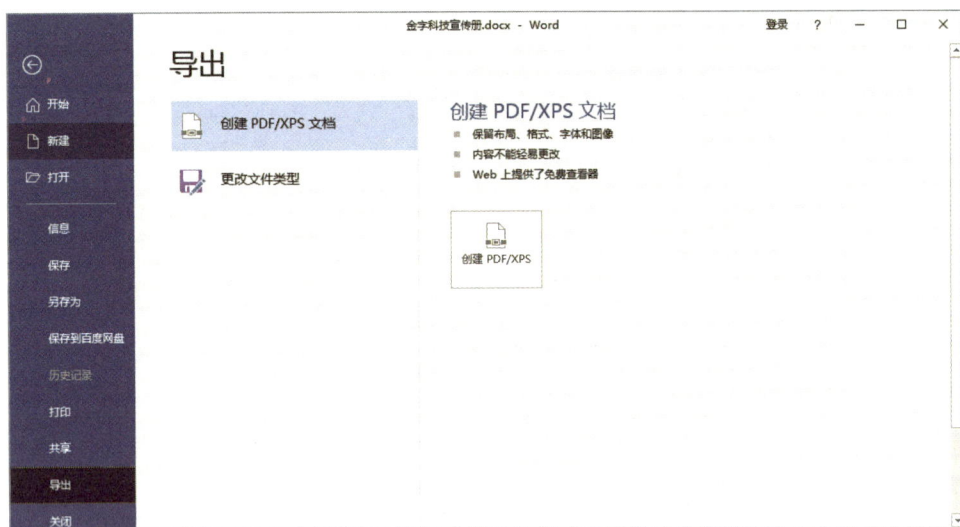

图 1-95　单击"创建 PDF/XPS"按钮

步骤 4　发布文档。 打开"发布为 PDF 或 XPS"对话框，设置文件的保存路径，然后单击 发布(S) 按钮即可。

> （1）分组练习，根据前面学习的知识，设置二十四节气图册的打印参数，并进行打印操作。
> （2）分组阐述打印设置的要点和导出文档的方法。

小组交流

课堂笔记

课后思考

班级：_____　　　　姓名：_____　　　　成绩：_____

思考题 1：

除了企业宣传图册，还有哪些比较常见的图册类型？其作用分别是什么？

_____

_____

_____

_____

思考题 2：

在收集图册资料的过程中，我们经常会遇到版权相关问题。创新是引领发展的第一动力，保护知识产权就是保护创新。《全国人民代表大会常务委员会关于修改〈中华人民共和国著作权法〉的决定》已由第十三届全国人民代表大会常务委员会第二十三次会议于 2020 年 11 月 11 日通过，自 2021 年 6 月 1 日起施行。请同学们就新修改《著作权法》谈谈对版权问题的看法，并列举一些日常生活中常见的版权问题。

_____

_____

_____

_____

思考题 3：

随着人们审美水平的不断提升，人们对图册的美观性和创意性都提出了更高的要求。请同学们到网上搜集相关的创意图册，分析这些图册中的创新点，从而拓宽自己的设计思路。

_____

_____

_____

_____

拓展训练　产品宣传图册制作竞赛

1. 训练任务

要求：传承中华优秀传统文化，满足人民日益增长的精神文化需求。为了弘扬我国传统文化，坚定文化自信，某家具企业决定针对其实木餐桌系列产品制作具有传统文化风格的产品宣传图册，相关产品图片参见提供的资料（配套资源：素材\模块一\餐桌）。请同学们先收集用于制作产品宣传图册的设计素材，如古风元素素材、文字资料、相关评价等，将收集的素材进行整理与加工，然后设计图册版式，进行传统风格的产品宣传图册制作。

2. 训练安排

要求：各小组在完成产品宣传图册的制作后，要对图册进行展示，每组派一人或两人作为代表对本组的产品宣传图册进行讲解。小组分组可由学生自己组织，并按实际要求填写。

小组人数：＿＿＿＿＿＿人

小组组长：＿＿＿＿＿＿

小组成员：＿＿＿＿＿＿＿＿＿＿＿＿＿＿＿＿＿＿＿＿＿＿＿＿＿＿＿＿＿＿

工作分配：＿＿＿＿＿＿＿＿＿＿＿＿＿＿＿＿＿＿＿＿＿＿＿＿＿＿＿＿＿＿

＿＿＿＿＿＿＿＿＿＿＿＿＿＿＿＿＿＿＿＿＿＿＿＿＿＿＿＿＿＿＿＿＿＿＿＿

＿＿＿＿＿＿＿＿＿＿＿＿＿＿＿＿＿＿＿＿＿＿＿＿＿＿＿＿＿＿＿＿＿＿＿＿

3. 训练评价

序号	评分内容	总分	得分
1	素材收集是否合理	10	
2	设计的图册风格是否与需求相符	10	
3	版式布局是否存在缺陷	10	
4	产品图片是否美观	10	
5	产品讲解是否与实物相符	10	
6	产品内容展示是否具有吸引力	10	
7	封面与封底是否美观	10	
8	图册中的内容是否合理	10	
9	整个图册是否完整	10	
10	打印与输出效果是否完整	10	
	总分	100	

教师评语：

模块二

数据报表编制
——让数据展现更加直观

02

💬 情境描述

　　建设教育强国是中华民族伟大复兴的基础工程。为了促进教育内涵发展和质量提升，某职业学校随机抽查了某个毕业班级所有学生的语文、数学和英语文化课考试成绩，并对学生毕业后的计划做了调研。为了更直观地分析并反映这次抽查的情况，现需要对该班级学生的性别、年龄占比、考试成绩情况，以及毕业计划情况进行分析，得到相关的数据分析结果，并编制成数据报表。

　　需要注意的是，在编制数据报表时，数据结果要求以可视化的方式进行呈现，使报表使用者能够快速了解数据情况。

🚀 技能目标

◎ 能够根据业务需要采集相应的数据。

◎ 能够对采集的数据进行适当加工和处理，使数据便于后期分析。

◎ 能够熟练地分析数据，并将数据以可视化的方式呈现出来。

◎ 能够编制数据分析报表。

🔍 环境要求

◎ 硬件：台式计算机（包括计算机主机、鼠标、键盘、显示器等）或笔记本电脑。

◎ 软件：Windows 10 操作系统、Excel 2016、Word 2016、八爪鱼采集器、Power BI Desktop 等。

◎ 其他：计算机可以正常访问互联网，学生有数据平台和八爪鱼采集器的用户账号。

任务实践

| 模块名称：数据报表编制 | | | | 所需学时：_____18_____ 学时 |

任务列表		难度			计划学时
		低	中	高	
任务 1	分析与规划报表	√			1
任务 2	采集数据信息		√		1
任务 3	加工数据信息			√	4
任务 4	数据分析提炼			√	2
任务 5	分析图表制作			√	2
任务 6	编辑与美化图表	√			2
任务 7	编制数据分析报表		√		2
任务 8	批量数据的自动采集、处理和分析		√		4

任务准备与案例效果	
知识准备	1. 了解报表的作用、编制原则和结构等基础知识 2. 能够合理采集各个数据平台的数据 3. 掌握在 Excel 2016 中编辑和设置数据的方法 4. 能够利用 Excel 2016 计算、排列、筛选和汇总数据 5. 能够结合不同的数据分析目的选择并创建合理的数据图表 6. 能够对图表进行美化设置，使图表反映出的内容更加直观 7. 能够撰写简单的数据分析报表 8. 能够使用八爪鱼采集器批量采集网络中的数据，并进行后续处理和分析工作
案例效果	 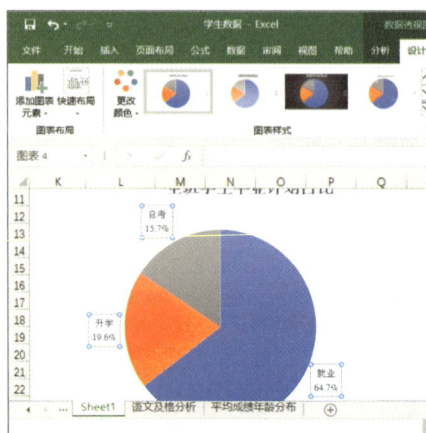

任务 **1** 分析与规划报表

报表是非常有价值的一类文件，它能帮助我们通过数据反映出问题，指导我们更好地进行生活与工作的安排。例如，企业通过市场数据报表，可以发现市场空间是增长了还是萎缩了，这将直接决定企业后面采取的一系列市场措施。

我们在分析数据、编制数据报表之前，首先需要明确对报表的需求，这样才能更好地规划报表的内容，进而帮助我们更有目的地采集数据、分析数据，最终得出分析结果。

1. 报表的作用

报表的主要作用体现在解决问题、优化业务、发现机会和创造价值等方面，如图 2-1 所示。

解决问题
通过数据分析的结果找到存在的各种问题，并加以解决。

01

02

优化业务
通过数据分析得出的结果和结论，找到改进和优化业务的方法。

发现机会
利用数据分析的结果发现盲点，进而发现新的业务机会。

03

04

创造价值
通过数据分析将数据价值直接转化为经济效益。

图 2-1　报表的作用

2. 报表的内容需遵从的原则

要想使报表发挥其应有的作用，就需要确保报表的内容遵从以下几个原则，如图 2-2 所示。

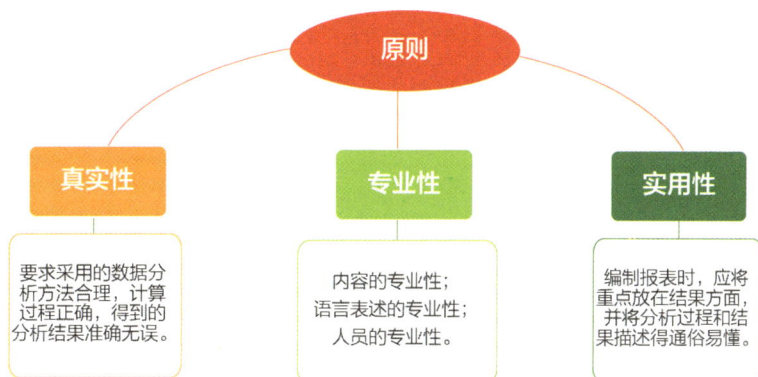

原则

真实性
要求采用的数据分析方法合理，计算过程正确，得到的分析结果准确无误。

专业性
内容的专业性；语言表述的专业性；人员的专业性。

实用性
编制报表时，应将重点放在结果方面，并将分析过程和结果描述得通俗易懂。

图 2-2　报表的内容需遵从的原则

3．明确报表需求并规划报表内容

所谓报表需求，就是指我们需要用这个报表来完成什么任务或达到什么目的。例如，我们编制考试成绩报表，目的是分析学生的成绩情况，从中发现学生成绩的变化，计算考试合格率等；又如，我们编制专业报考报表，目的是分析哪些专业更受学生青睐；再如，企业编制利润报表，是为了发现利润的增减变化，并找到引起这种变化的根本原因。诸如这些，都是对报表的明确需求。

明确了报表的需求后，我们就可以根据需求来规划报表的内容。如上所述，假设我们需要利用报表来发现并解决企业利润逐年下降的问题，那么就需要采集并分析与利润相关的所有数据，包括人工成本、仓储成本、管理费用、销售额等。规划好这些内容后，就可以采集相应的数据。确保报表的内容与需求和规划的内容一致，才能保证后期分析得出的结果更加准确和可靠。如果不进行内容规划，就漫无目的地采集大量数据并进行分析，不仅会增加时间成本、人力成本、物力成本，而且可能导致数据分析的结果偏离最初的需求，这就得不偿失了。

小组交流

（1）请各小组分组讨论报表还可能具有哪些作用和价值，以及如何通过这些作用和价值来确认报表需求。

（2）假设中秋节即将到来，需要对月饼的销售情况进行分析，分组讨论在该任务中怎样明确报表的需求并规划报表的内容。

课堂笔记

任务 **2** 采集数据信息

采集数据，是为了在分析数据时，有相对全面且准确的数据可以使用，确保数据分析的准确性，最终提高报表的编制质量。从这个角度出发，就应该重视对数据的采集过程，以采集到符合实际需要的数据。

1. 认识数据来源

我们需要采集的数据可以来源于企业内部，可以来源于市场调研，可以来源于第三方公开数据，可以来源于合作伙伴，还可以来源于网络平台等。图 2-3 所示为常见的数据来源。

> **提示**　要想获得高质量的调研数据，在设计问卷内容时需要一定的技巧。首先，问卷内容不宜过多，题目应简洁明了，让受访者感觉可以不用花费过多时间和精力就能完成问卷调查；其次，问题设计应紧扣受访者的行为、态度和基本信息等方面的内容，一些敏感信息可以通过物质刺激的方式获取，如受访者手机号码一栏，可以不用强制填写，但如果填写，会将电子优惠券以短信形式发送到受访者手机上以供使用；最后，问卷中问题的选项数量也不宜过多，一般以多项式或等级式的方式显示，方便受访者填写。

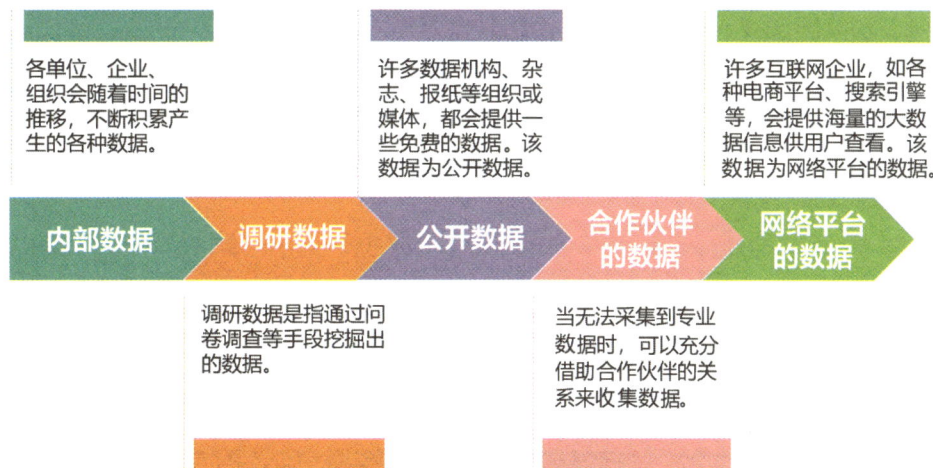

各单位、企业、组织会随着时间的推移，不断积累产生的各种数据。

许多数据机构、杂志、报纸等组织或媒体，都会提供一些免费的数据。该数据为公开数据。

许多互联网企业，如各种电商平台、搜索引擎等，会提供海量的大数据信息供用户查看。该数据为网络平台的数据。

内部数据　调研数据　公开数据　合作伙伴的数据　网络平台的数据

调研数据是指通过问卷调查等手段挖掘出的数据。

当无法采集到专业数据时，可以充分借助合作伙伴的关系来收集数据。

图 2-3　常见数据来源

2. 采集数据的方式

数据的采集方式应根据数据的呈现方式而定。如果数据是以手写方式体现在纸张上，则可以采取手动录入或扫描识别的方式将数据录入计算机中；如果数据本身就存在于计算机或互联网上，则可以通过下载或复制的方法将其保存到 Excel 工作簿等文件中。常见的数据采集方式如图 2-4 所示。

手动录入

手动录入效率较低，容易出错，仅适合在其他采集方式无法使用，且需录入的数据量较少的情况下使用。

01

02

扫描识别

利用扫描仪或手机等智能终端，将纸张上的数据转换成图片的形式并传输到计算机中，然后利用文字识别系统将图片上的内容识别为可以分析的数据。

下载数据

当数据存在于网页时，如果该平台允许下载或导出页面中的数据，可单击下载超链接或按钮，在打开的对话框中设置数据的保存名称和位置，然后下载并保存文件。

03

04

复制数据

在所选区域上单击鼠标右键，并在弹出的快捷菜单中选择"复制"命令，或直接按【Ctrl+C】组合键复制数据，按【Ctrl+V】组合键粘贴数据。

图 2-4　常见数据采集方式

提示　　QQ 屏幕识图的使用方法：打开需要识别数据的图片，直接按【Ctrl+Alt+O】组合键开启屏幕识图功能，此时可以拖曳鼠标指针框选需要识别的范围，释放鼠标后即可开始识别数据，完成后可在打开的"屏幕识图"窗口中单击"复制"按钮 🗋，将识别的数据复制到剪贴板，再将其粘贴到需要的软件中使用。

3. 数据采集渠道与方法推荐

随着大数据时代的来临，互联网逐步成为数据采集的优先渠道。但如何保证数据的真实性和质量呢？这里为大家推荐一些官方的公开数据采集渠道与方法，方便大家在进行数据分析时使用。

- 国家统计局：国家统计局的官方网站中提供的是较为准确的统计数据，进入该网站后，单击页面上方导航栏中的"统计数据"超链接，即可显示图 2-5 所示的页面。在其中可以找到最新发布的数据、各种统计公报等内容，也可单击"数据查询"栏中的超链接，手动查询所需的数据，找到后拖曳鼠标指针选择数据，利用复制粘贴的方法即可采集数据。

图 2-5　国家统计局官方网站

- 地方政府公开数据开放平台：部分省级和市级政府会在其官方网站提供公开数据的开放平台，用户可以在其中找寻需要的数据，通过复制粘贴或下载等方式采集数据。不同地方政府的公开数据开放平台各不相同，有的需要注册登录才能访问，有的可以直接访问。图 2-6 所示为浙江省人民政府的数据开放平台，该平台无须注册，可以直接采用复制粘贴的方式进行数据采集。

图 2-6　地方政府公开数据开放平台

- 电子商务平台：如果需要采集可靠的商务类数据，则推荐利用淘宝的生意参谋或京东的京东商智工具进行采集。需要注意的是，这类电子商务平台有些需要付费购买才能具备访问数据的功能。找到数据后，生意参谋可通过复制粘贴的方式采集数据，京东商智可直接利用提供的下载按钮下载数据。

小组交流

（1）总结数据的主要来源方式。

（2）分别到推荐的几个网站中采集月饼销售情况数据，讨论数据采集的基本方法和流程。

课堂笔记

任务 **3** 加工数据信息

当前，我国准确把握全球数字化、网络化、智能化发展趋势和特点，围绕实施网络强国战略、大数据战略等做出了一系列重大部署。经过各方面共同努力，各级政府业务信息系统建设和应用成效显著，数据共享和开发利用取得积极进展。不过采集到的数据依然难以避免存在各种质量问题，如数据缺失、数据错误等，这会对后期的数据分析造成很大影响。因此，在采集数据后，往往需要对数据内容进行检查和整理，一方面通过清洗操作去掉错误内容，提高数据质量；另一方面进行适当的数据处理，便于后期数据分析工作的开展。

这里我们假设已经通过手动录入的方式，将情境描述中该班级所有学生的基本信息和成绩等数据采集到 Excel 2016 中。下面开始对其中的数据进行适当加工。

1. 修复缺失值

当数据中出现缺失值时，可以根据实际情况通过删除或修补等方式对缺失值进行修复。当采集的数据量很大，使得即便删除若干数据也不会影响分析结果时，可以考虑采取删除的方式修复缺失值。如果能够判断出缺失数据的内容，或通过其他方法得到缺失值的具体数据，则可以考虑修补缺失值。

就本任务而言，出现的缺失值可以通过询问学生得到及时修补。执行修复任务时可以借助 Excel 的定位功能快速定位到缺失值的位置。具体操作如下。

步骤 1　启用定位功能。 双击"学生数据 .xlsx"文件（配套资源：素材\模块二\学生数据 .xlsx），在【开始】/【编辑】组中单击"查找和选择"按钮 🔍 右侧的下拉按钮，在弹出的下拉列表中选择"定位条件"选项，打开"定位条件"对话框，选中"空值"单选按钮，单击 确定 按钮，如图 2-7 所示。

图 2-7　设置"空值"为定位条件

步骤 2　修复缺失值。 Excel 将同时选择包含空值的单元格，在【开始】/【字体】组中单击"填充颜色"按钮 🖍️，为这些单元格填充颜色以示标记。根据这些空值对应的学生姓名，分别向其询问对应的缺失信息，并进行修复，完成后按【Ctrl+S】组合键保存文件，如图 2-8 所示。

图 2-8　填充空值并修复缺失数据

2. 清理重复数据

当采集的数据量较大时，很可能出现采集到重复数据的情况，特别是对于手动录入而言，更容易产生重复数据，此时可以利用 Excel 的删除重复值功能，去掉数据中可能存在的重复记录。具体操作如下。

步骤 1　设置包含重复值的列。 在【数据】/【数据工具】组中单击"删除重复项"按钮 ，打开"删除重复项"对话框，在其中勾选"姓名""语文""数学"和"英语"复选框（图 2-9 中未显示全），单击 确定 按钮，如图 2-9 所示。

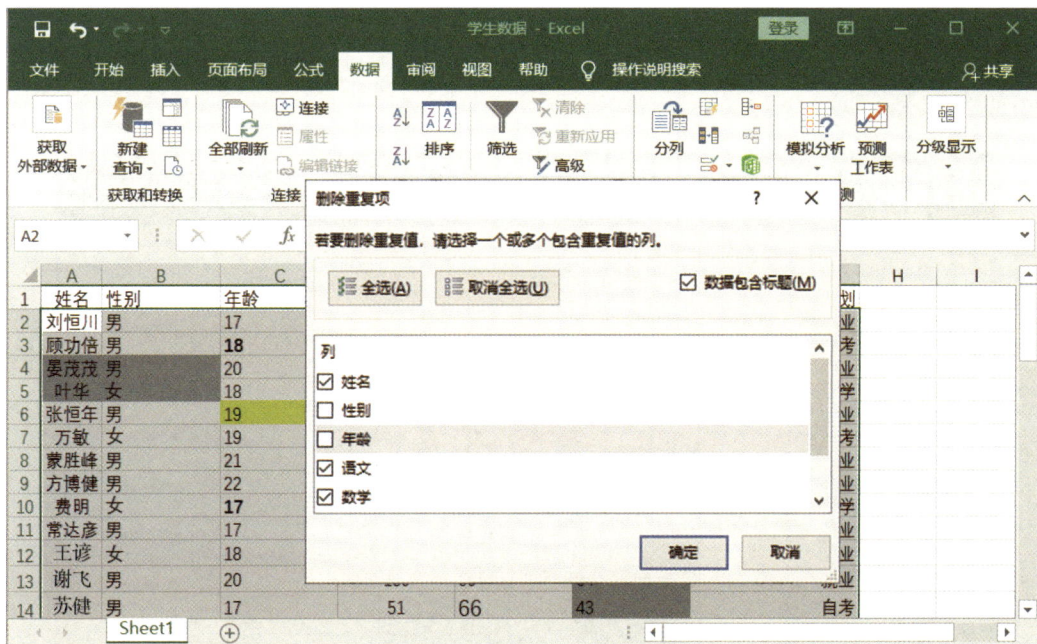

图 2-9　设置包含重复值的列

步骤 2　自动去除重复值。 Excel 将自动根据设置的列查询是否存在重复值，完成后会打开提示对话框，单击 确定 按钮，如图 2-10 所示。

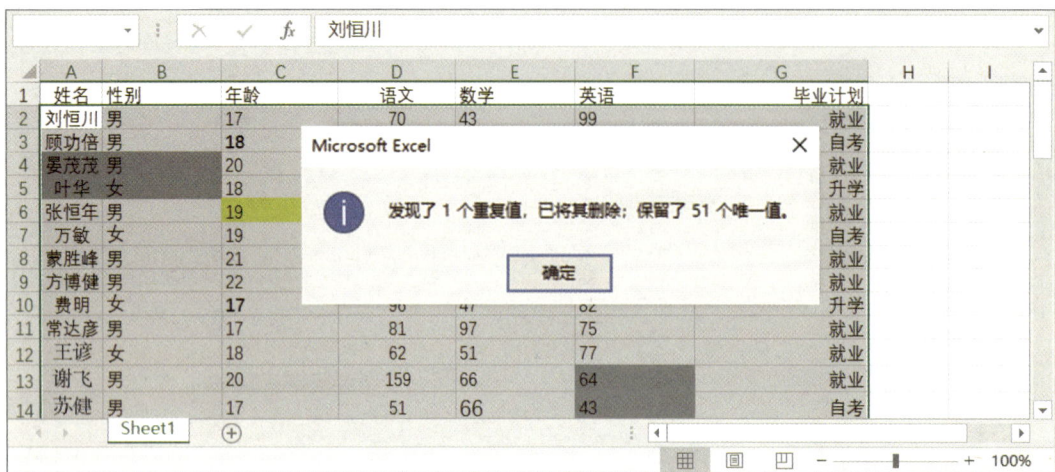

图 2-10　查找并清除重复值

3. 修复错误值

不论是通过复制、下载，还是手动录入、扫描识别等，这些采集方式都不能保证数据完全正确。因此我们在采集到数据后，必须对数据内容进行校验，将明显违反自然规律、逻辑规律的数据进行修复。如用户年龄 300 岁、消费金额 -50 元等，这类数据就出现了明显的错误。

微课视频

修复错误值

在 Excel 中，可以充分借助条件格式功能，帮助我们更好地修正逻辑错误值。下面对"学生数据 .xlsx"文件中的成绩数据进行修复。具体操作如下。

步骤 1　选择条件格式选项。 在该文件中选择 D2:F52 单元格区域，在【开始】/【样式】组中单击"条件格式"按钮，在弹出的下拉列表中选择【突出显示单元格规则】/【大于】选项，如图 2-11 所示。

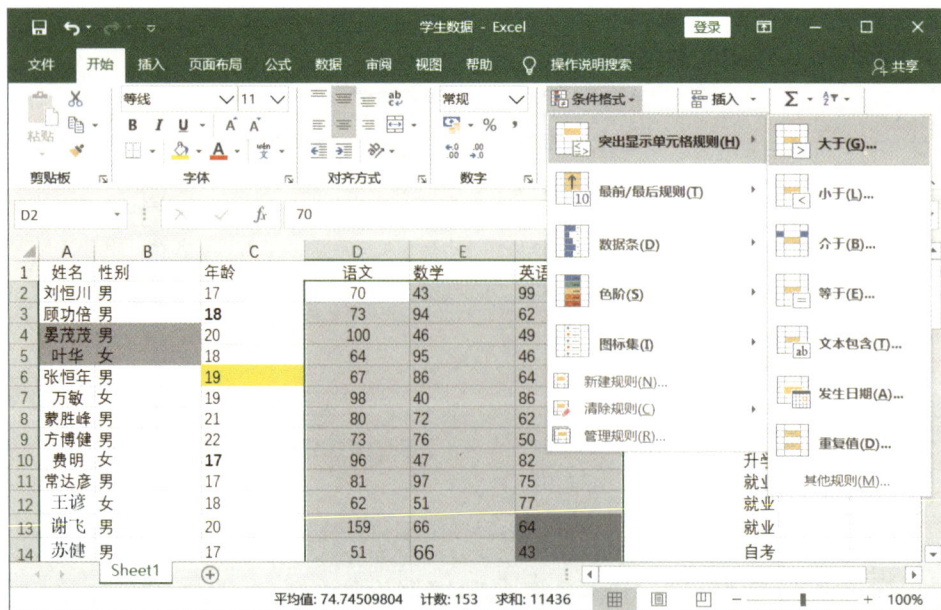

图 2-11　选择条件格式选项

步骤 2　设置条件。 打开"大于"对话框，在"为大于以下值的单元格设置格式："

文本框中输入"100",表示为成绩大于 100 的数据设置格式,在右侧的下拉列表框中选择"自定义格式"选项,如图 2-12 所示。

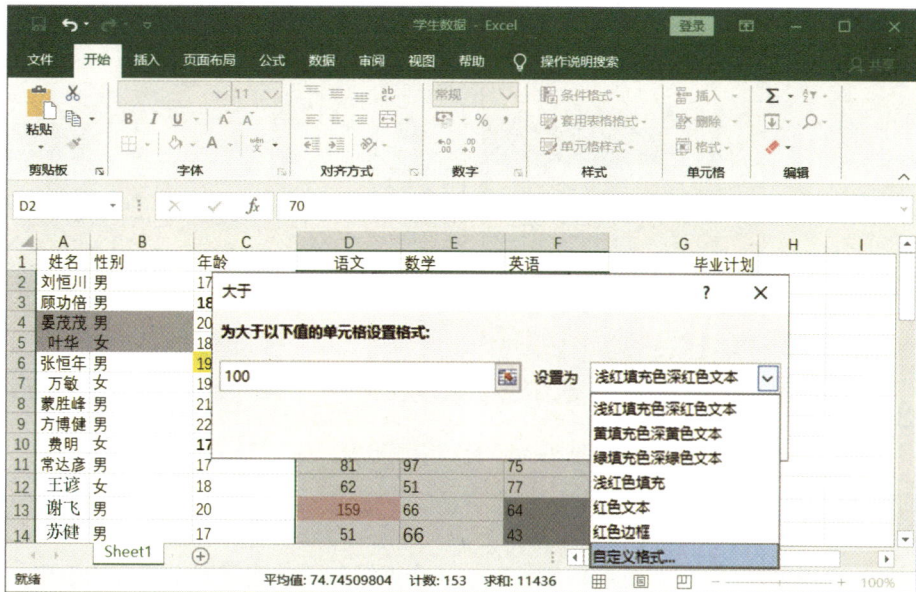

图 2-12 设置条件

步骤 3 设置单元格格式。 打开"设置单元格格式"对话框,在"字体"选项卡的"字形"列表框中选择"加粗"选项,在"颜色"下拉列表框中选择"红色"选项,单击 确定 按钮,如图 2-13 所示。

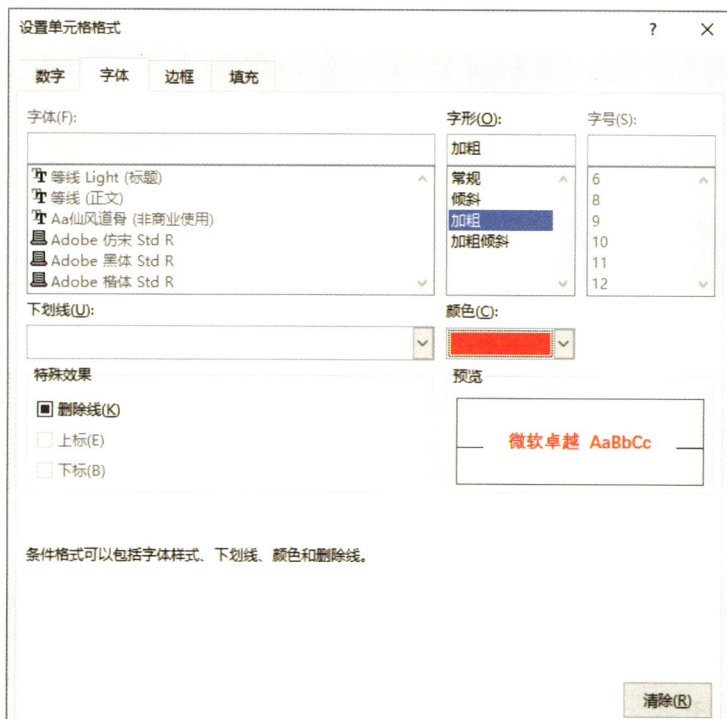

图 2-13 设置单元格格式

步骤 4 修改错误数据。 此时 Excel 将按设置的格式突出显示成绩大于 100 分的错误数据,依次将这些错误数据修正,如图 2-14 所示。

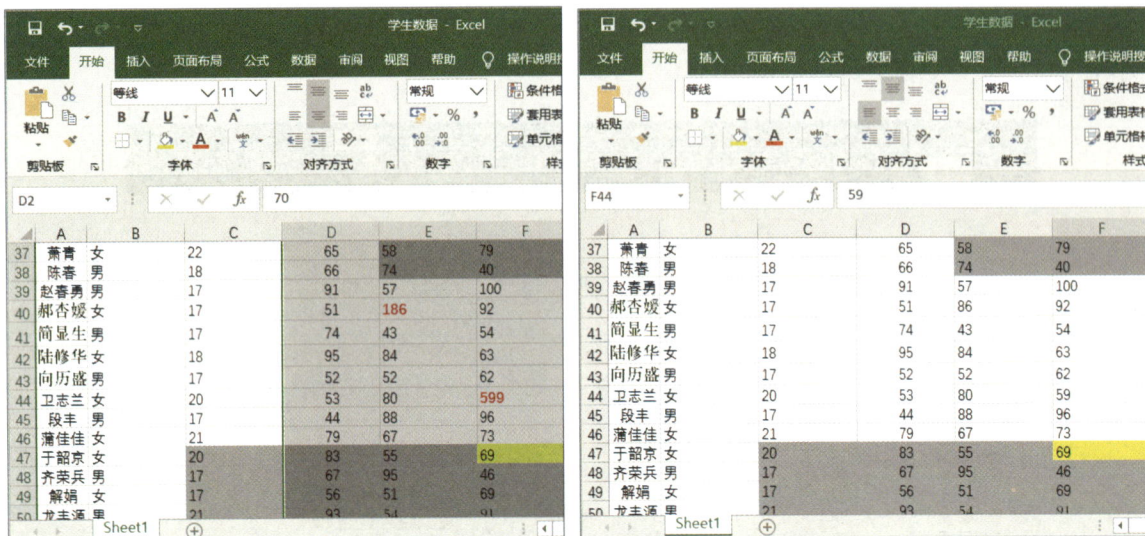

图 2-14　修改错误数据

资源链接

为了减小出现错误数据的概率，Excel 会根据不同的错误提示不同的信息。也就是说，当知道这些错误信息的含义时，我们就能更有针对性地修改错误。通过配套资源提供的"电子活页"文档内容，可查看 Excel 中常见的几种错误产生的原因和解决的方法。

电子活页

Excel 常见错误信息

4. 统一数据格式

数据的格式包括字体、字形、字号、字体颜色、数据类型、对齐方式、边框、填充颜色、行高、列宽等。统一数据的格式，可以提高数据表格的可读性和美观性，有利于数据分析工作的开展。下面继续为"学生数据 .xlsx"文件中采集的数据设置统一的格式。具体操作如下。

微课视频

统一数据格式

步骤 1　设置数据的文字格式与对齐方式。 选择 A1:G52 单元格区域，在【开始】/【字体】组的"字体"下拉列表框中选择"方正书宋简体"选项，在"字号"下拉列表框中选择"12"选项，单击两次"加粗"按钮 B 取消部分数据的加粗，单击"填充颜色"按钮右侧的下拉按钮，在弹出的下拉列表中选择"无填充"选项，然后在【开始】/【对齐方式】组中单击"左对齐"按钮 ≡，如图 2-15 所示。

步骤 2　调整行高、列宽和字形。 选择 A1 单元格，向右拖曳 A 列列标右侧的分隔线，增加 A 列列宽。向下拖曳第 1

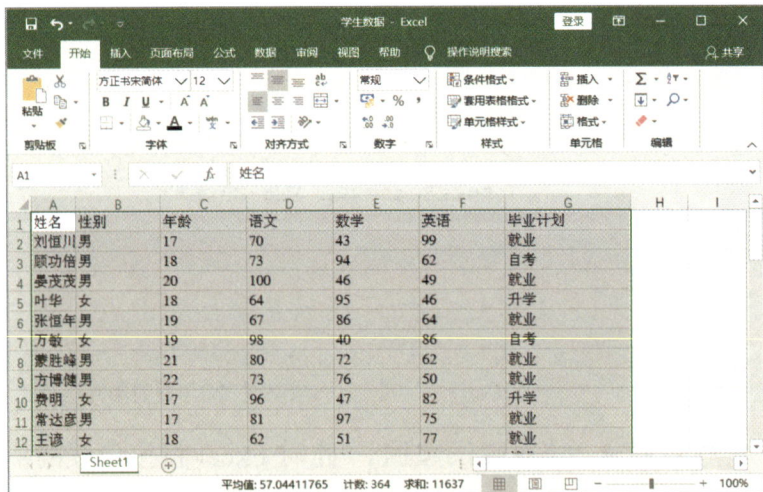

图 2-15　设置文字格式和对齐方式

行行号下方的分隔线，增加第 1 行行高。选择 A1:G1 单元格区域，单击【开始】/【字体】组的"加粗"按钮 **B**，加粗显示所选单元格区域中的内容，如图 2-16 所示。

图 2-16　设置行高、列宽和字形

步骤 3　设置数据类型。选择 D2:F52 单元格区域，在【开始】/【数字】组的"数据类型"下拉列表框中选择"数值"选项，单击该组中的"减少小数位数"按钮，将数据小数部分调整为 1 位小数，如图 2-17 所示。

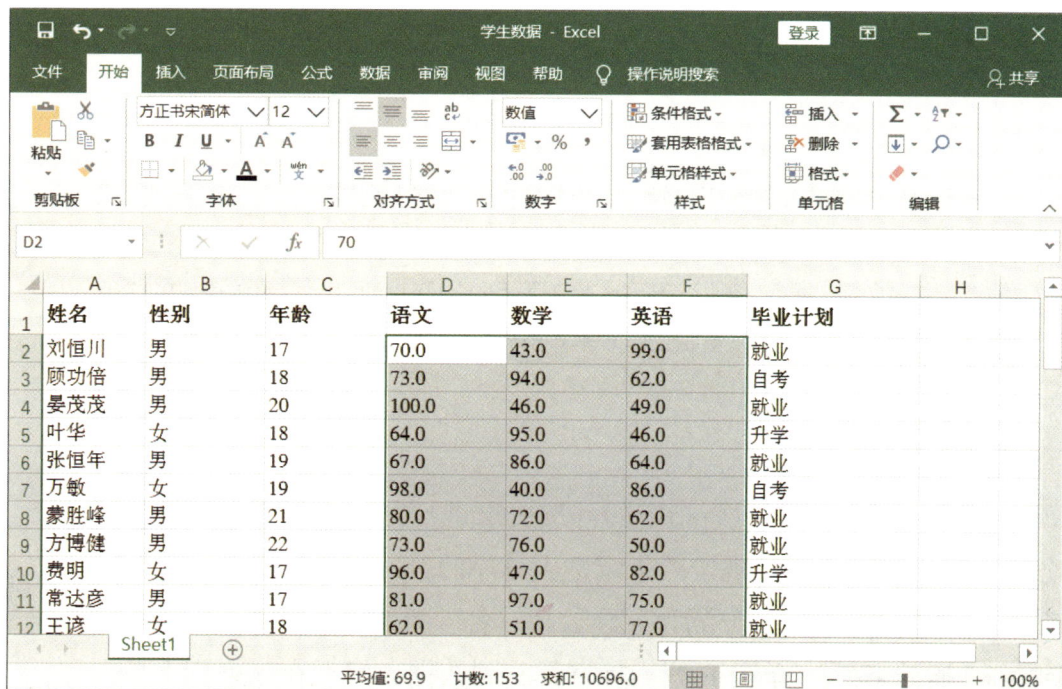

图 2-17　设置数据类型

提示

在【开始】/【数字】组中单击右下角的"展开"按钮 ⬎，可以打开"设置单元格格式"对话框的"数字"选项卡。此时可在左侧的"分类"列表框中选择需要设置的数据类型，然后在右侧详细设置该数据类型的格式，如图2-18所示。

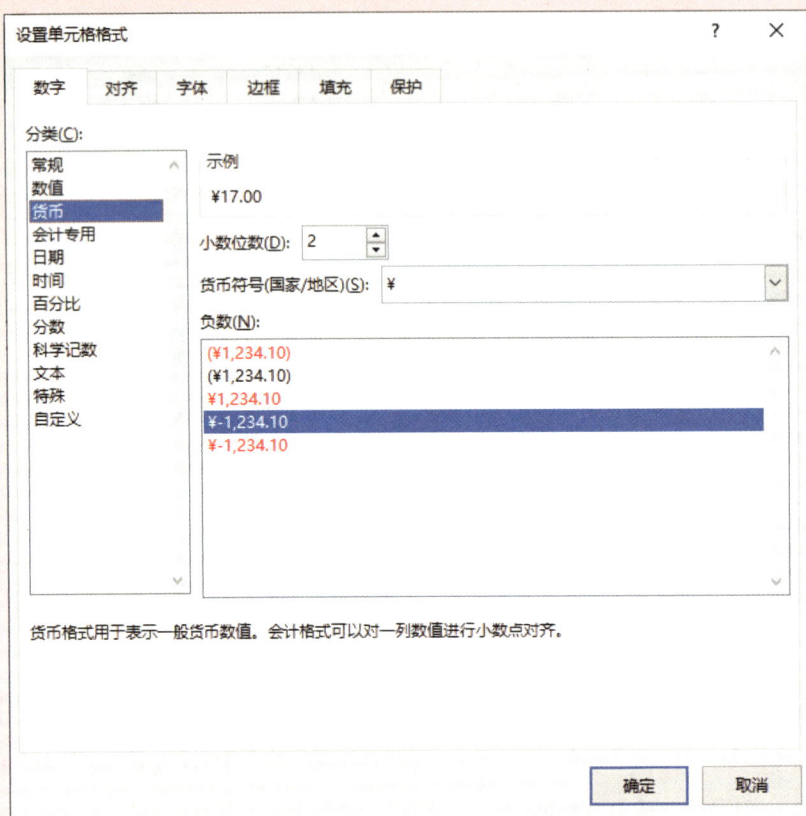

图2-18　在对话框中详细设置数据类型的格式

资源链接

Excel生成的文件即工作簿，工作簿由多张工作表组成，每张工作表中又包含多个单元格，且每张工作表对应一个标签，操作时可在工作簿中实现对工作表的选定、重命名、插入、删除、移动、复制等各种操作。通过配套资源提供的"电子活页"文档内容，可以查看工作表基本操作的详细内容。

电子活页

工作表的基本操作

5. 数据分列

Excel的数据分列功能可以将指定的列按要求进行分隔，便于对数据进行提取和分析，如分列姓名可实现按照指定姓氏排序的目的等。下面将"学生数据.xlsx"文件中的"姓名"列分隔为"姓"和"名"两列。具体操作如下。

微课视频

数据分列

步骤1　插入空列。单击B列列标选择整列数据，然后在该列标上单击鼠标右键，在弹出的快捷菜单中选择"插入"命令，目的是在左侧插入一列空白单元格，为分列后的数据提供存放位置，如图2-19所示。

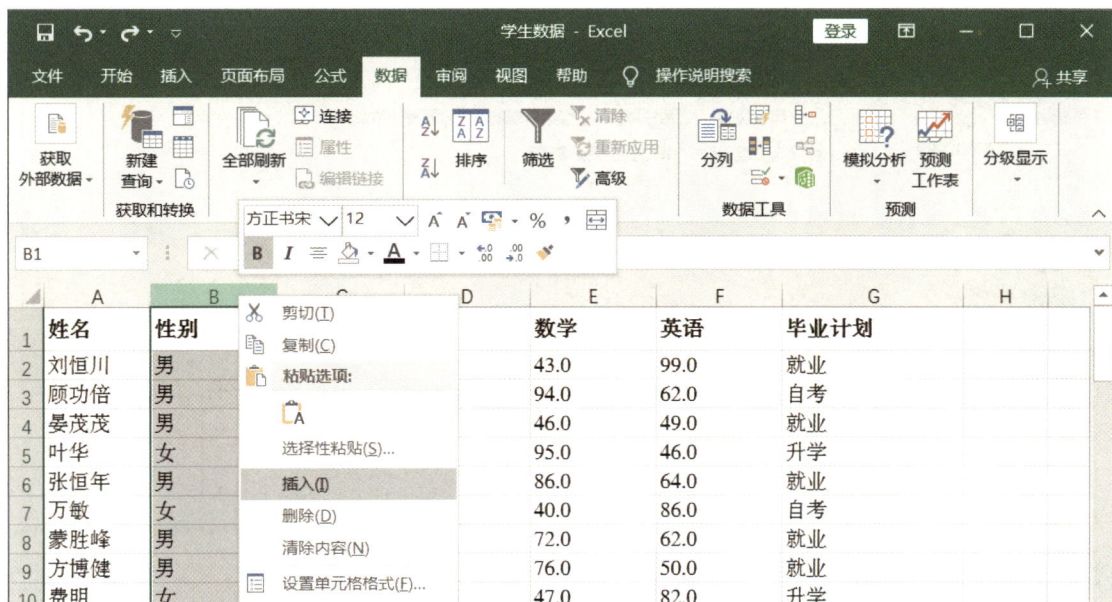

图 2-19 选择"插入"命令

步骤 2 选择目标列并开始分列。 单击 A 列列标选择整列，在【数据】/【数据工具】组中单击"分列"按钮，如图 2-20 所示。

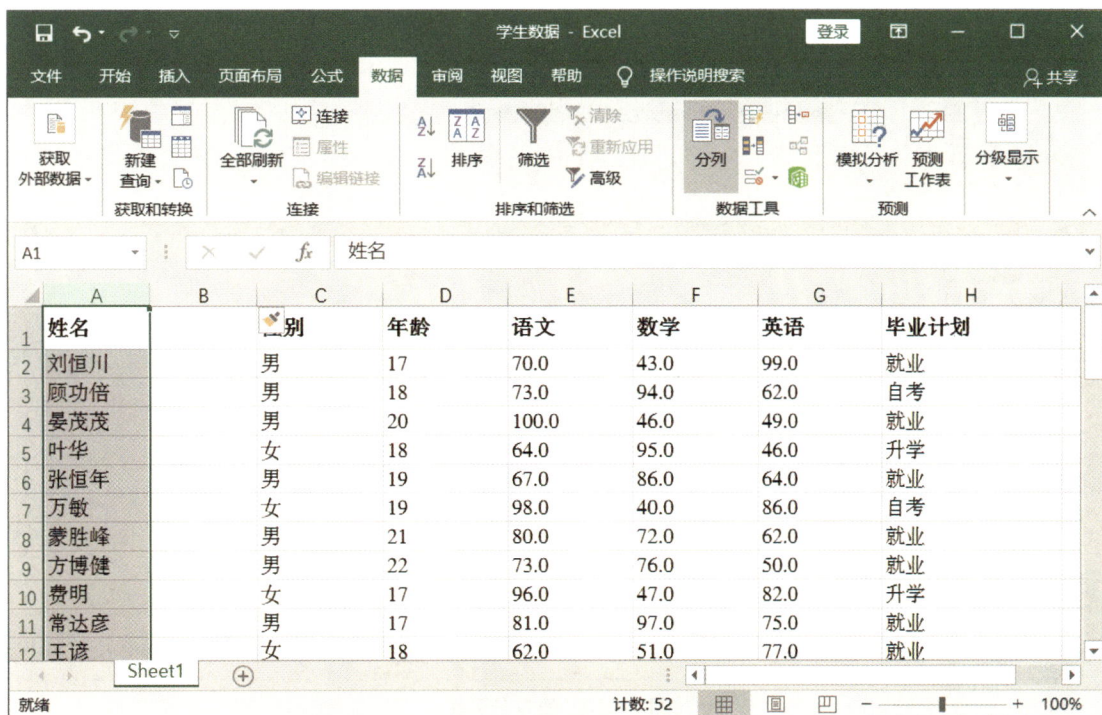

图 2-20 启用分列功能

步骤 3 设置分列方式。 打开文本分列向导对话框，选中"固定宽度"单选按钮，单击 下一步(N) 按钮，如图 2-21 所示。

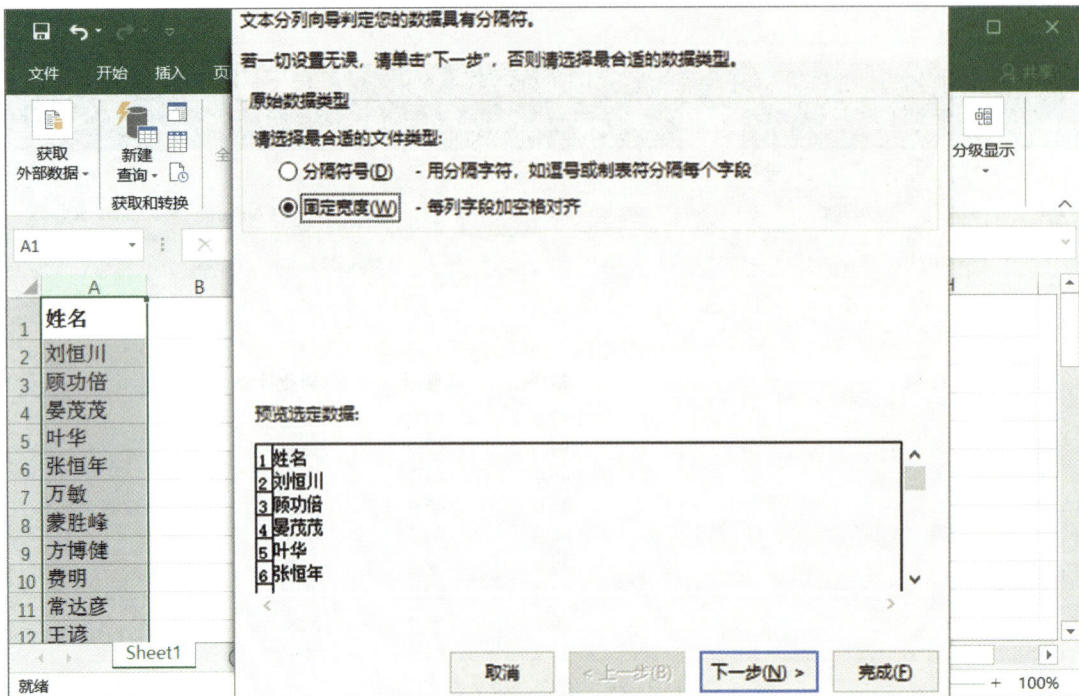

图 2-21　设置分列方式

步骤 4　在指定位置插入分列线。此时向导将提示分列的建立、清除和移动方法，在标尺上对应"姓名"二字之间的位置处单击建立分列线，单击 下一步(N) > 按钮，如图 2-22 所示。

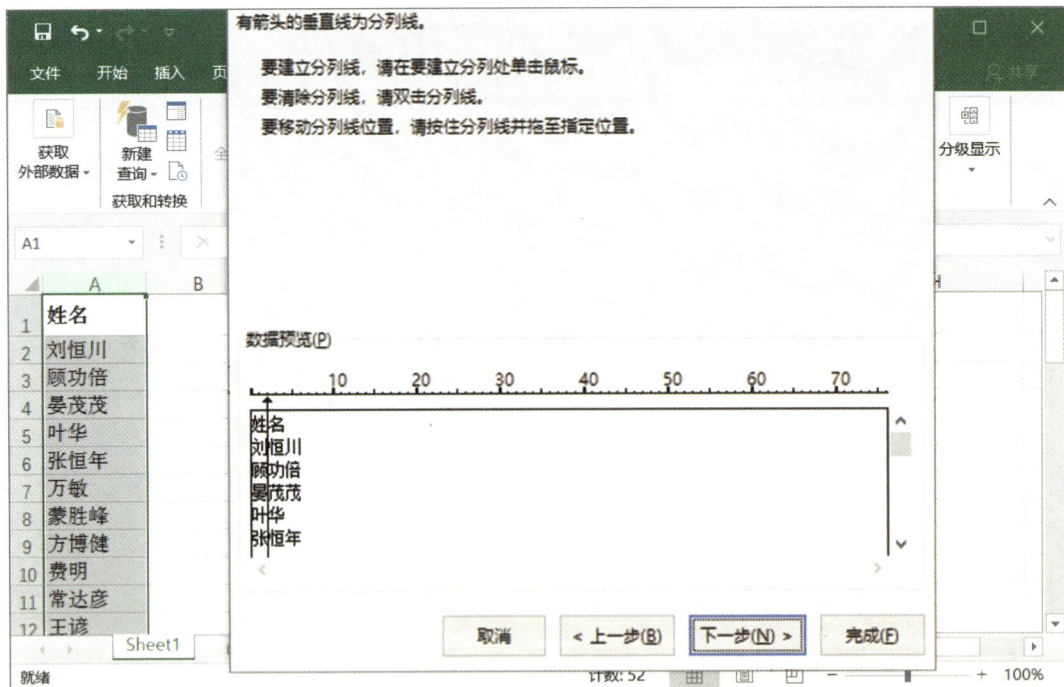

图 2-22　建立分列线

步骤 5　设置各列的格式。在打开的对话框中可分别选择"数据预览"栏中分列后的某一列，并在上方设置其数据格式，这里保持默认设置，直接单击 完成(F) 按钮，如图 2-23 所示。

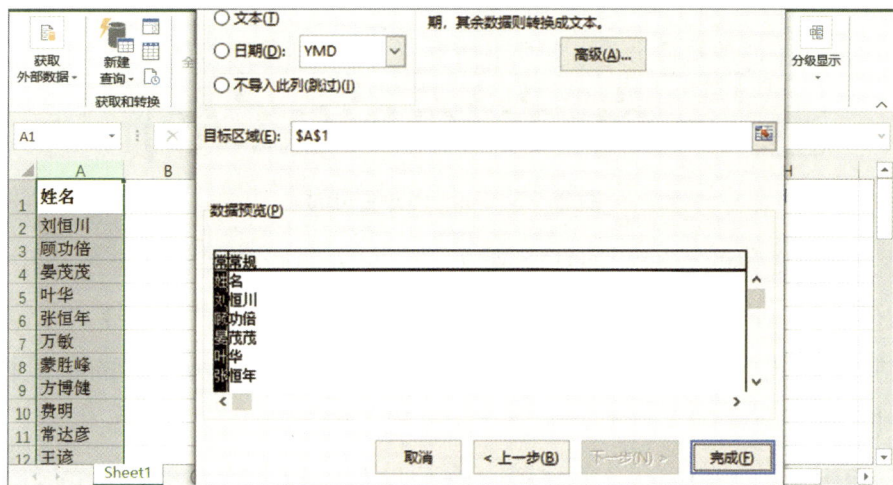

图 2-23 设置各列的格式

步骤6 完成分列操作。 此时"姓名"列将分为"姓"和"名"两列，并分别存放对应的文本数据，如图 2-24 所示。

图 2-24 完成分列操作

6. 计算数据

采集到的数据，有时需要将其中的某些项目通过计算得到其他结果，以方便后期进行数据分析，此时就可以借助 Excel 强大的计算功能来完成，不仅可以避免手动计算可能出现的错误，而且可极大地提高计算效率。

（1）认识 Excel 公式

在 Excel 中进行计算需要借助公式或函数等工具。输入公式或函数必须以"="开始，其后可以包含常量、运算符、单元格引用、函数等对象。例如，A1 单元格中的数据为 5，A2 单元格中的数据为 6，若要在 A3 单元格中计算前两个单元格数据之和，则可在 A3 单元格中输入"=A1+A2"，按【Enter】键或【Ctrl+Enter】组合键即可得到计算结果。图 2-25 所示为 Excel 公式的组成情况。

| 单元格引用 | 常量 | 运算符 | 函数 | 单元格区域引用 |

等号 → • = C1*36+SUM(A1:A9)

图 2-25　Excel 公式的组成

- 常量：不会变化的数据，如数字和文本，文本使用英文状态下的双引号引起来。
- 运算符：公式进行运算的符号，如加号"+"、乘号"*"、除号"/"等。
- 单元格（区域）引用：单元格地址，代表计算该地址所对应的单元格（区域）中的数据。
- 函数：相当于公式中的一个参数，参与计算的数据为函数返回的结果。函数的语法格式为"函数名(参数1,参数2,参数3,…)"，如求和函数SUM(A1:A2)表示计算A1和A2单元格之和。当该函数出现在某个公式中时，则计算结果是公式的参数。

（2）公式的引用

如果公式中含有单元格引用，移动、复制公式时就会涉及单元格引用的问题。具体来说，单元格引用有3种情况，分别是相对引用、绝对引用和混合引用。

> 微课视频
> 公式的引用

资源链接　当公式或函数中涉及单元格引用或单元格区域引用时，采用不同的引用方式会得到不同的计算结果。具体知识可通过配套资源提供的"电子活页"文档内容进行查看。

> 电子活页
> 单元格引用

（3）常用函数的使用

在Excel中计算数据时，首先应尽量选择利用函数来实现，这不仅能提高操作效率，而且能避免手动输入公式时可能产生的错误。下面讲解一些常用函数的使用。

- COUNT函数。COUNT函数为计数函数，属于统计函数，能返回包含数字的单元格个数以及统计参数列表中数字的个数，其语法格式为COUNT(value1, value2, …)。使用此函数时需注意，如果参数为数字、日期或代表数字的文本（如用引号引起的数字，如 "1"），则将被计算在内；逻辑值和直接输入参数列表中代表数字的文本将被计算在内；如果参数为错误值或不能转换为数字的文本，则不会被计算在内；如果参数为数组或引用，则只计算数组或引用中数字的个数，而不会计算数组或引用中的空白单元格、逻辑值、文本、错误值。
- SUMIF函数。SUMIF函数可以对单元格区域中符合指定条件的值求和，其语法格式为SUMIF(range, criteria, [sum_range])。如将A1:A18单元格区域中大于5的数值相加时，则可以使用公式"=SUMIF(A1:A18,">5")"来计算。使用此函数时需注意，range和criteria都是必需参数，range用于指定条件计算的单元格区域，criteria用于指定求和的条件，如32、">32"等。

- SUM 函数。SUM 函数为求和函数，属于数学与三角函数，能返回所有参数之和，其语法格式为 SUM(number1, number2, number3,...)。使用此函数时需注意，参数的数量范围为 1 ～ 30 个；若参数均为数值，则直接返回计算结果，如 SUM(10,20) 将返回“30”；若参数中包含文本数字或逻辑值，则会将文本数字判断为对应的数值，将逻辑值 TURE 判断为“1”。如 SUM("10",20,TRUE) 将返回“31”；若参数为引用的单元格或单元格区域，则只计算单元格或单元格区域中为数字的参数，其他如空白单元格、文本、逻辑值和错误值都将被忽略。图 2-26 所示为 SUM 函数的应用。

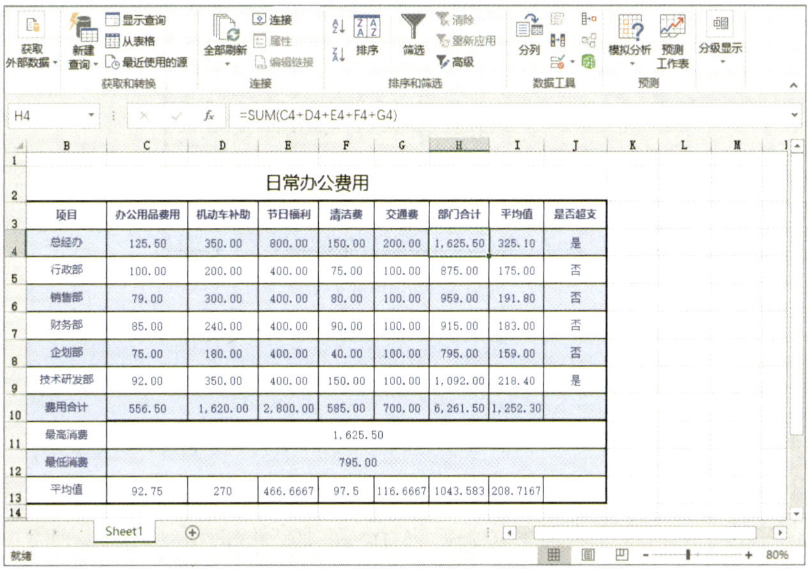

项目	办公用品费用	机动车补助	节日福利	清洁费	交通费	部门合计	平均值	是否超支
总经办	125.50	350.00	800.00	150.00	200.00	1,625.50	325.10	是
行政部	100.00	200.00	400.00	75.00	100.00	875.00	175.00	否
销售部	79.00	300.00	400.00	80.00	100.00	959.00	191.80	否
财务部	85.00	240.00	400.00	90.00	100.00	915.00	183.00	否
企划部	75.00	180.00	400.00	40.00	100.00	795.00	159.00	否
技术研发部	92.00	350.00	400.00	150.00	100.00	1,092.00	218.40	是
费用合计	556.50	1,620.00	2,800.00	585.00	700.00	6,261.50	1,252.30	
最高消费	1,625.50							
最低消费	795.00							
平均值	92.75	270	466.6667	97.5	116.6667	1043.583	208.7167	

图 2-26　SUM 函数的应用

- AVERAGE 函数。AVERAGE 函数为求平均值函数，属于统计函数，能返回所有参数的算术平均值，其语法格式为 AVERAGE(number1,number2,number3,...)。此函数的使用方法与 SUM 函数的完全相同。图 2-27 所示为 AVERAGE 函数的应用。

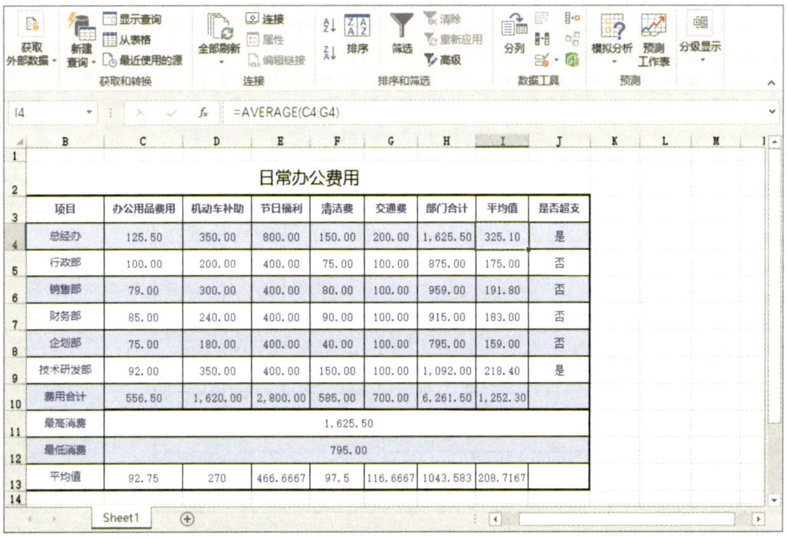

项目	办公用品费用	机动车补助	节日福利	清洁费	交通费	部门合计	平均值	是否超支
总经办	125.50	350.00	800.00	150.00	200.00	1,625.50	325.10	是
行政部	100.00	200.00	400.00	75.00	100.00	875.00	175.00	否
销售部	79.00	300.00	400.00	80.00	100.00	959.00	191.80	否
财务部	85.00	240.00	400.00	90.00	100.00	915.00	183.00	否
企划部	75.00	180.00	400.00	40.00	100.00	795.00	159.00	否
技术研发部	92.00	350.00	400.00	150.00	100.00	1,092.00	218.40	是
费用合计	556.50	1,620.00	2,800.00	585.00	700.00	6,261.50	1,252.30	
最高消费	1,625.50							
最低消费	795.00							
平均值	92.75	270	466.6667	97.5	116.6667	1043.583	208.7167	

图 2-27　AVERAGE 函数的应用

- MAX/MIN 函数。MAX 函数为求最大值函数，MIN 函数为求最小值函数，均属于统计函数，能分别返回所有参数的最大值或最小值，其语法格式为 MAX(number1,number2,number3,...) 或 MIN(number1,number2,number3,...)。图 2-28 所示为 MAX 函数的应用。

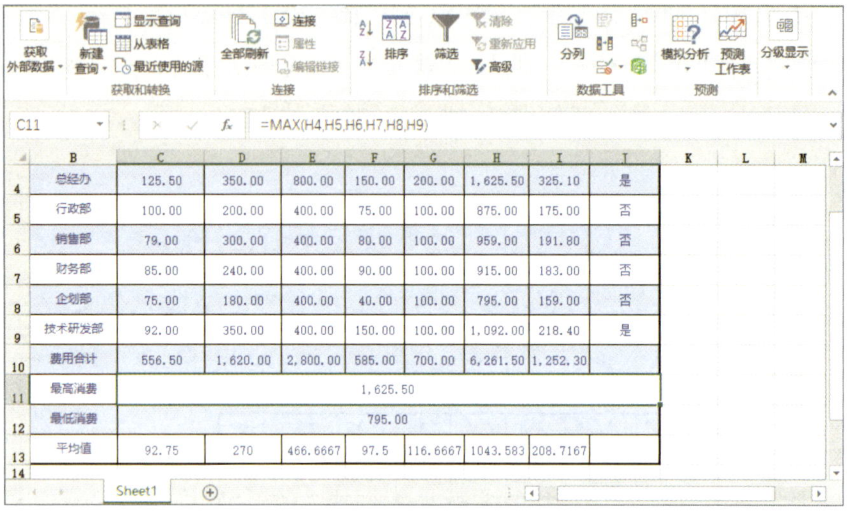

图 2-28　MAX 函数的应用

- IF 函数。IF 函数为判断函数，属于逻辑函数，能对第 1 参数进行判断，并根据判断结果返回不同的值，其语法格式为 IF(logical_test,value_if_true,value_if_false)。其中，logical_test 为 IF 函数的第 1 参数，是 IF 函数判断的参照条件；value_if_true 为 IF 函数的第 2 参数，表示当 IF 函数判断 logical_test 成立时返回的值；value_if_false 为 IF 函数的第 3 参数，表示当 IF 函数判断 logical_test 不成立时返回的值。使用 IF 函数时，第 2 参数可以省略，此时若应该返回第 2 参数的值时，则返回"0"；第 3 参数也可以省略，此时若应该返回第 3 参数的值，则有两种情况一是若第 3 参数连同前面的","一起省略，则返回 TRUE，二是若","未省略，则返回"0"。图 2-29 所示为 IF 函数的应用。

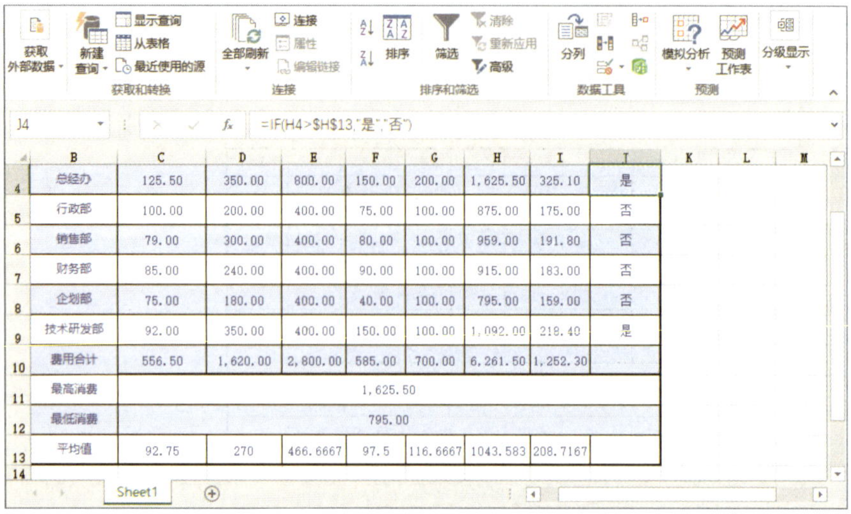

图 2-29　IF 函数的应用

- COUNTIF 函数。COUNTIF 函数能够对区域中满足单个指定条件的单元格进行计数，其语法格式为 COUNTIF(range, criteria)。如 A1:A18 单元格区域为一列任务，B1:B18 单元格区域为任务对应的人员，如果想要计算名为"王凯"的人员在第 B 列中显示的次数，则可使用公式"=COUNTIF(B1:B18,"王凯")"。使用此函数时需注意，range 为必需参数，指定进行计数的一个或多个单元格；criteria 为必需参数，指定将对相应单元格进行计数的数字、表达式、单元格引用或文本字符串等。

- ROUND 函数。ROUND 函数为四舍五入函数，可以指定四舍五入的位数，其语法格式为 ROUND(number, num_digits)。如 ROUND(58.7852, 2)，返回的结果为"58.79"。

- INT 函数。INT 函数为取整函数，属于数学函数与三角函数，能返回指定的数字取整后小于或等于它的整数，其语法格式为 INT(number)。使用此函数时需注意，此函数只会返回向下取整后的整数值。如 INT(2.9) 则将返回"2"；INT(-8.6) 则将返回"-9"。

下面利用公式和函数计算"学生数据 .xlsx"文件中每位学生的考试总分和平均分。具体操作如下。

步骤 1　插入空列。 选择 H 列整列数据，在【开始】/【单元格】组中单击"插入"按钮右侧的下拉按钮，在弹出的下拉列表中选择"插入工作表列"选项，如图 2-30 所示。

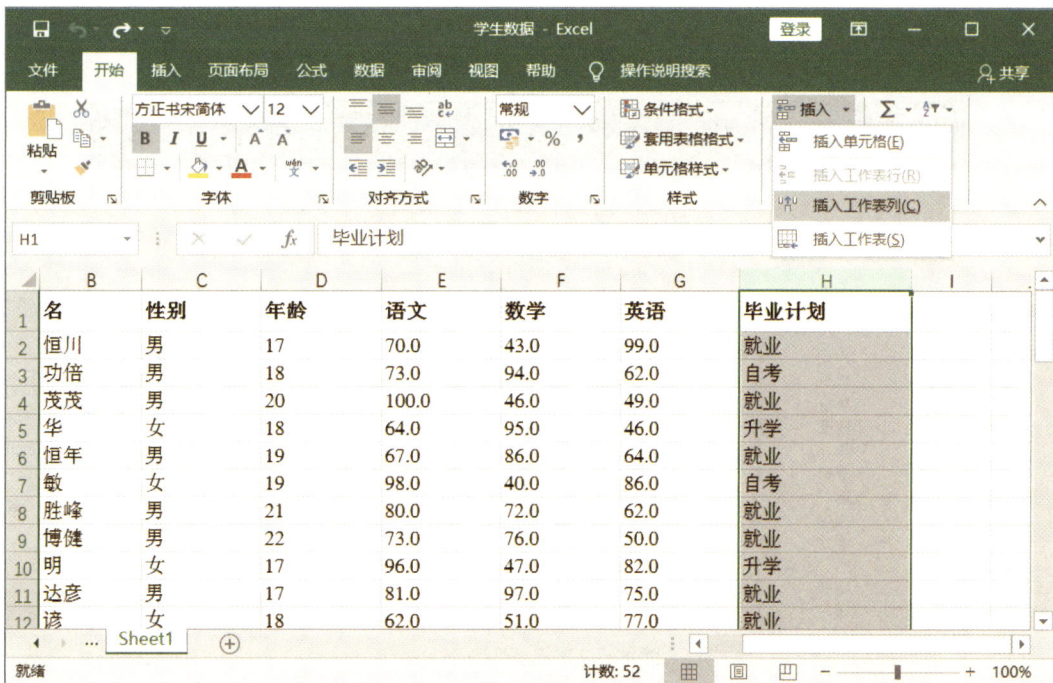

图 2-30　插入空列

步骤 2　再次插入空列并输入列项目文本。 继续单击"插入"按钮右侧的下拉按钮，在弹出的下拉列表中选择"插入工作表列"选项再插入一列空列，然后在插入的空列的第 1 行单元格中分别输入"总分"和"平均分"，如图 2-31 所示。

图 2-31　再次插入空列并输入列项目文本

在 Excel 中输入和编辑数据非常简单且灵活，有多种方法可供使用。通过配套资源提供的"电子活页"文档内容，可详细查看数据的输入、填充、编辑、移动、复制和删除等操作。

资源链接

电子活页

编辑 Excel 数据

步骤 3　计算总分。 选择 H2:H52 单元格区域，在编辑栏中输入"=E2+F2+G2"，按【Ctrl+Enter】组合键将返回所有学生的考试总分，如图 2-32 所示。

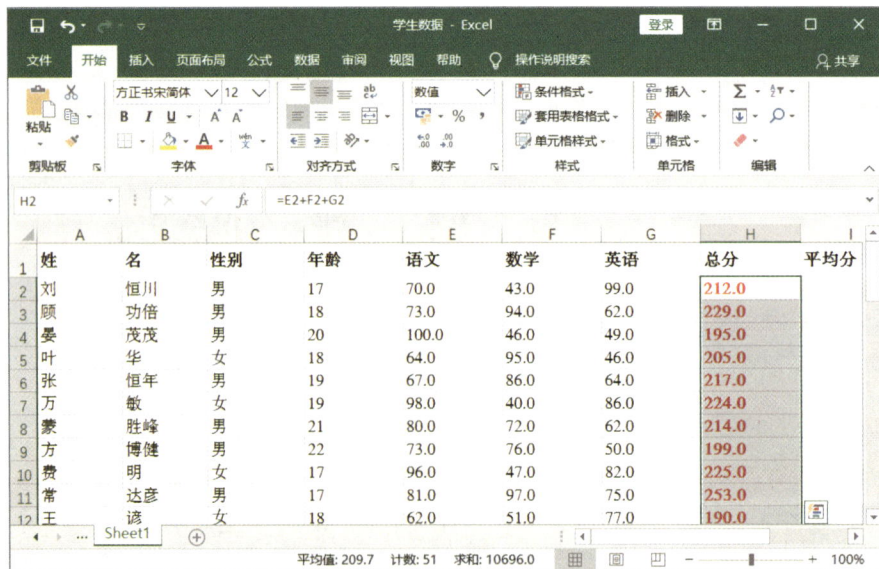

图 2-32　计算总分

步骤 4　插入函数。 选择 I2 单元格，在编辑栏中单击定位文本插入点，然后单击左侧的"插入函数"按钮 f_x，打开"插入函数"对话框，在"或选择类别"下拉列表框中选择"常用函数"选项，在"选择函数"列表框中选择"AVERAGE"选项，单击 确定 按钮，如图 2-33 所示。

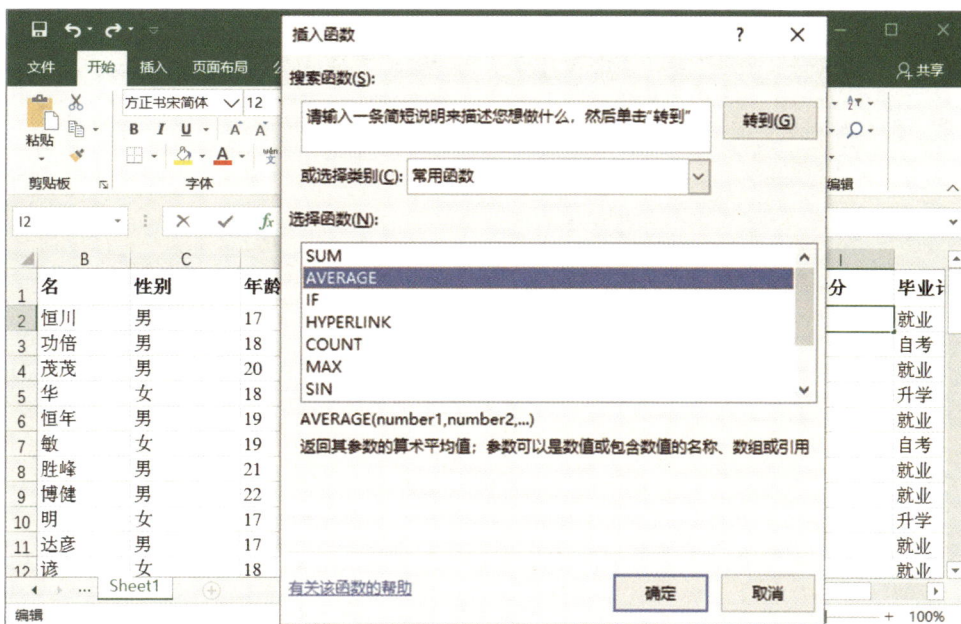

图 2-33 插入函数

> **提示** 输入公式时，如果需要引用单元格或单元格区域，可在输入"="或其他计算符号后，单击或拖曳鼠标指针快速进行引用。另外，如果熟悉函数的语法格式，也可以通过直接输入的方式使用函数。

步骤 5 设置函数参数。 打开"函数参数"对话框，删除"Number1"文本框中原有的数据，然后拖曳鼠标指针选择 E2:G2 单元格区域，单击 确定 按钮，如图 2-34 所示。

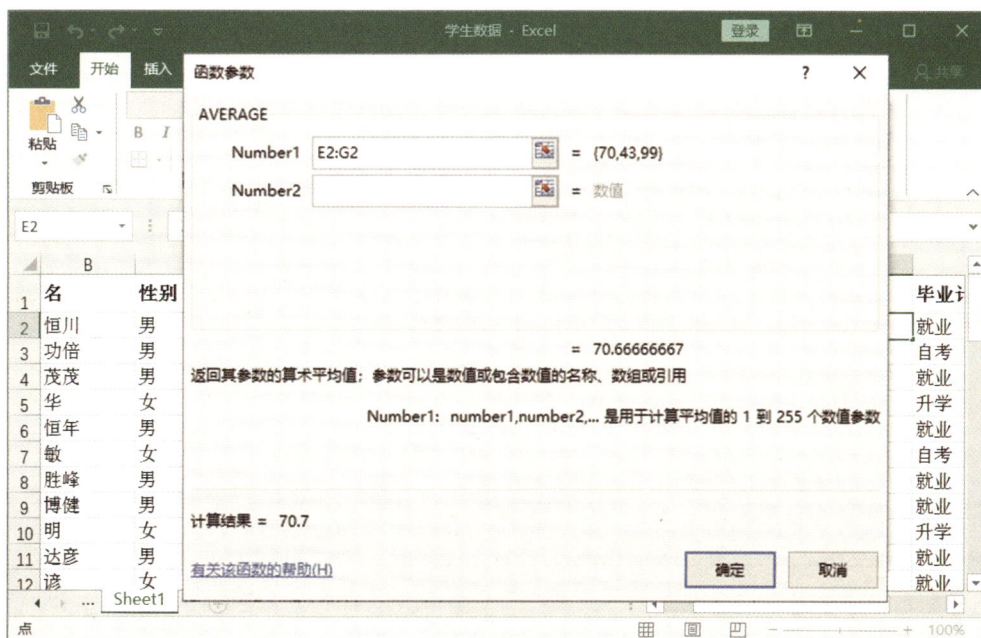

图 2-34 设置函数参数

步骤 6 填充公式。 此时，将计算第 1 名学生的平均分，双击该单元格右下角的填充柄，快速填充公式计算其他学生的平均分，如图 2-35 所示。

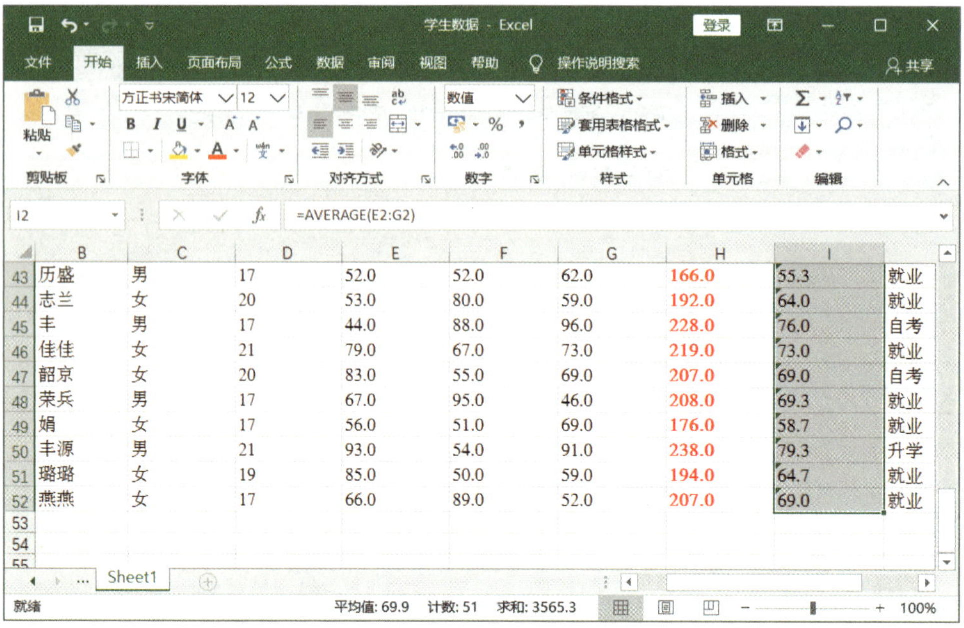

图 2-35 填充公式

小组交流

（1）各小组内谈谈采集到的数据在质量上可能会有哪些问题。

（2）讨论 Excel 中公式和函数的使用方法，尝试列举一些常见的函数和其对应的使用方法。

课堂笔记

任务 **4** 数据分析提炼

在情境描述中我们已经说过，本次任务主要针对学生的成绩、性别、年龄、毕业计划等数据进行分析。完成数据采集和加工整理后，下面我们就围绕这些方面继续对"学生数据 .xlsx"文件中的数据进行分析。

1. 查看学生成绩排名情况

当前文件中的数据排列是没有规律的，如果需要按总分从高到低的顺序排列数据，以便查看学生成绩的排名情况，可以通过 Excel 的排序功能来实现。其中，为了避免出现同分无法按规律排列的情况，可以添加次要关键字，当出现相同分数时，按姓氏笔画从少到多的顺序来排列。具体操作如下。

微课视频

查看学生成绩排名情况

步骤1 设置排序主要关键字。 在"学生数据 .xlsx"文件中选择 H2 单元格，在【数据】/【排序和筛选】组中单击"排序"按钮 ，打开"排序"对话框，在"主要关键字"下拉列表框中选择"总分"选项，在对应的"次序"下拉列表框中选择"降序"选项，如图 2-36 所示。

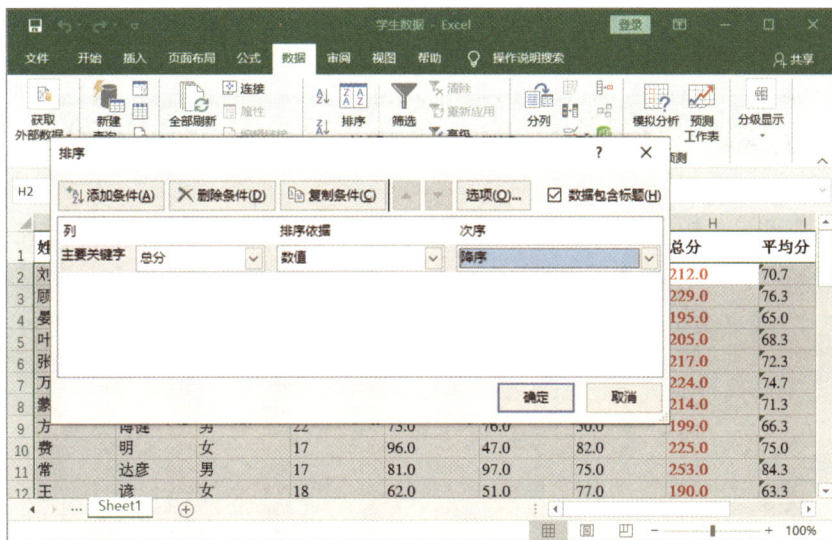

图 2-36 按总分降序排列数据

> **资源链接**
>
> Excel 可以实现对数据的排序、筛选等操作，但前提是工作表中的数据必须以数据清单的形式出现。而只有符合一定条件的数据才是数据清单。通过配套资源提供的"电子活页"文档内容，详细了解数据清单的定义和 Excel 排序的各种方法。
>
> 电子活页
>
> 数据清单与排序

步骤2 设置排序次要关键字。 在打开的"排序"对话框中单击 按钮，在"次要关键字"下拉列表框中选择"姓"选项，在对应的"次序"下拉列表框中选择"升序"选项，然后单击 按钮，打开"排序选项"对话框，选中"笔画排序"（图中为"笔划排序"）单选按钮，依次单击 按钮，如图 2-37 所示。

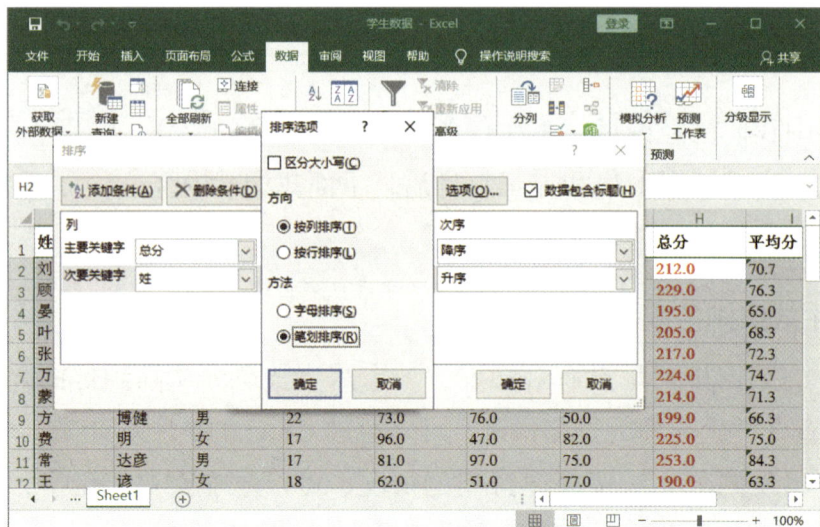

图 2-37　按姓氏笔画升序排列数据

步骤 3　查看总分排名。此时 Excel 将按照总分从高到低排列学生数据。若总分相同，则将按学生姓氏的笔画数量从少到多的顺序进行排列。通过对数据进行重新排列，可以直观地看到总分不低于 260 分的只有 2 名学生，高于 230 分的共计 10 名学生，低于 200 分的共计 18 名学生。总分排名情况如图 2-38 所示。

图 2-38　查看总分排名情况

2. 分析各科平均成绩

除排序外，筛选也是 Excel 分析数据时常用的一种功能。下面首先在"学生数据 .xlsx"文件中计算出各科的平均成绩，然后分析各科高于平均成绩的学生情况以及同时高于所有科目平均成绩的学生情况。具体操作如下。

步骤 1　计算各科平均分并设置格式。在 D53 单元格中输入"平均分"，拖曳鼠标指针选择 E53:G53 单元格区域，在编辑栏中输入"=AVERAGE(E2:E52)"，按【Ctrl+Enter】组合键得到所有科目的平均成绩。然后选择 D53:G53 单元格区域，将其加粗并左对齐显示，为单元格填充黄色标准色，如图 2-39 所示。

微课视频

分析各科平均成绩

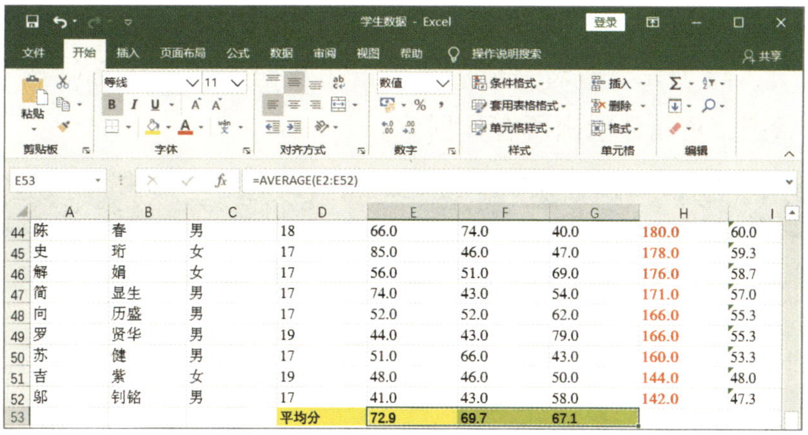

图2-39　计算各科平均分并设置格式

步骤2　进入筛选状态并选择筛选方式。 选择 A1 单元格,在【数据】/【排序和筛选】组中单击"筛选"按钮 ▼,此时各列项目名称右侧将出现下拉按钮,单击 E1 单元格右侧的下拉按钮,在弹出的下拉列表中选择【数字筛选】/【大于或等于】选项,如图2-40所示。

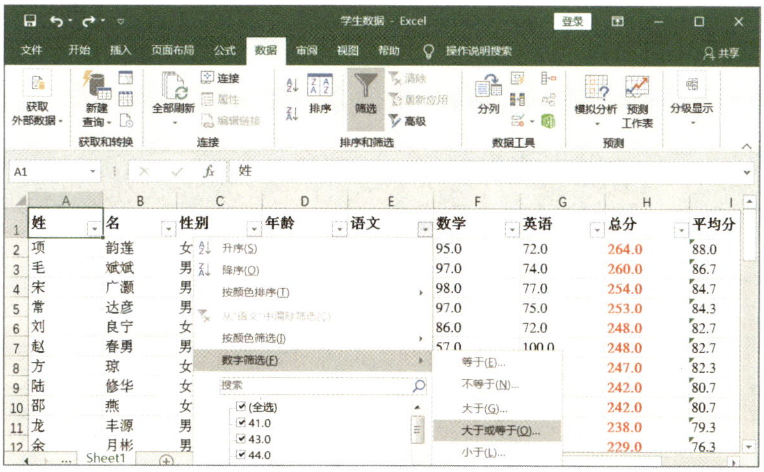

图2-40　按数字进行筛选

步骤3　设置筛选条件。 打开"自定义自动筛选方式"对话框,在右上方的下拉列表中输入计算得到的语文平均成绩,即"72.9",单击 确定 按钮,如图2-41所示。

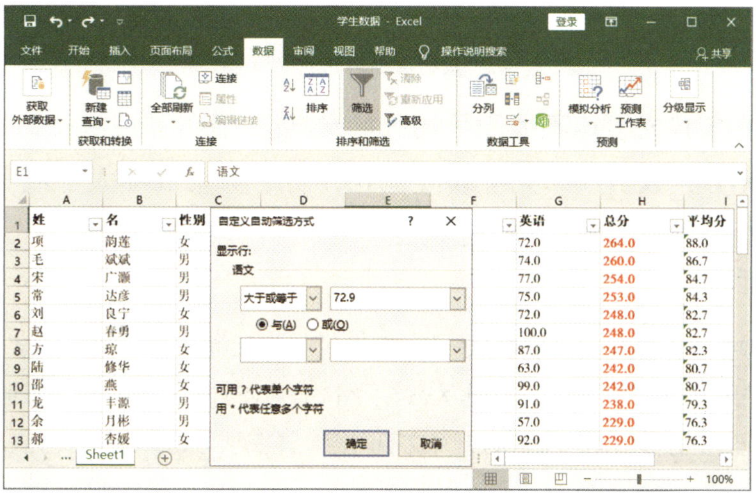

图2-41　设置筛选条件

步骤 4　查看数据并退出筛选状态。 此时，表格中将仅显示语文成绩不低于 72.9 分的学生数据，如图 2-42 所示。查看完成后可单击【数据】/【排序和筛选】组中的"筛选"按钮▼退出筛选状态，重新显示出所有数据。

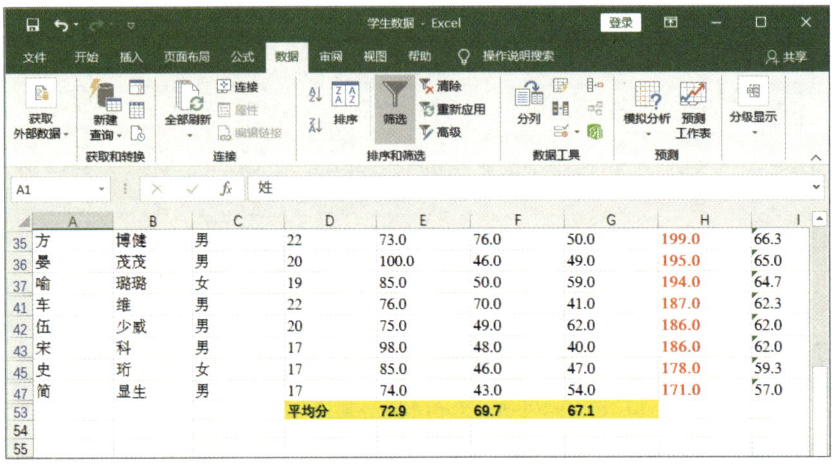

图 2-42　查看语文科目成绩筛选结果

步骤 5　查看其他科目成绩。 按相同的方法查看数学科目成绩不低于 69.7 分的学生数据，然后退出筛选状态。再查看英语科目成绩不低于 67.1 分的学生数据，如图 2-43 所示。

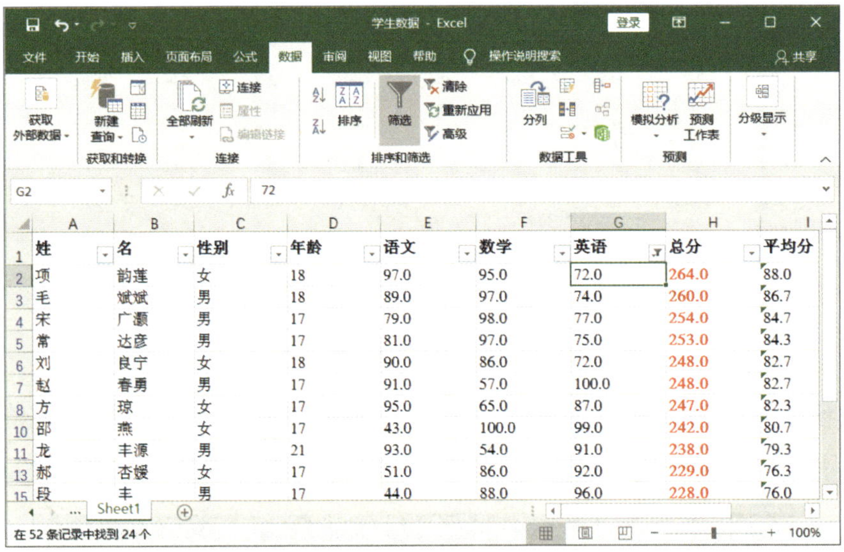

图 2-43　查看英语科目成绩筛选结果

步骤 6　查看各科成绩均不低于平均分的数据。 退出筛选状态，然后筛选出语文成绩大于或等于 72.9 分、数学成绩大于或等于 69.7 分、英语成绩大于或等于 67.1 分的学生数据，如图 2-44 所示。完成后退出筛选状态。

资源链接

对数据进行筛选后，也可单击【数据】/【排序和筛选】组中的▼清除按钮清除筛选结果，此时并不会退出筛选状态。另外，Excel 还提供多种数据筛选功能，可通过配套资源提供的"电子活页"文档内容，详细学习具体的操作方法。

电子活页

数据筛选

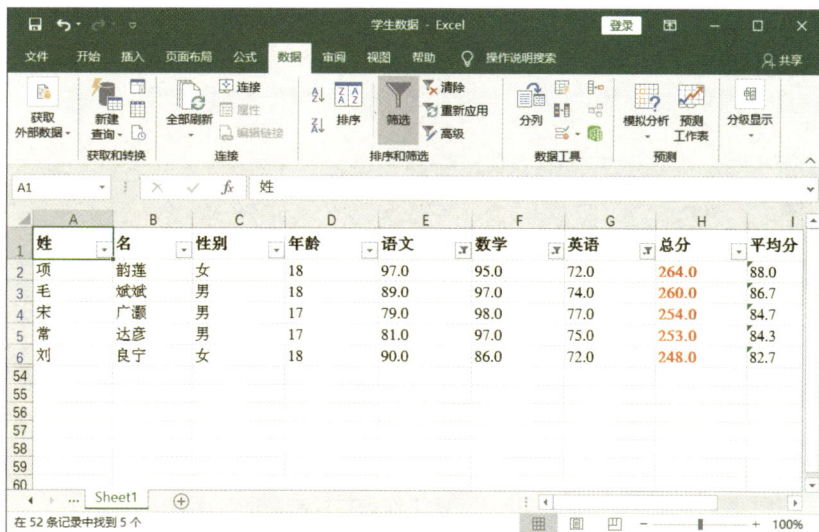

图 2-44　查看各科成绩均不低于平均分的筛选结果

3. 分析性别占比

下面将继续利用筛选、函数、公式等 Excel 工具,分析语文成绩在 60 分(含)以上的学生男女占比情况。具体操作如下。

步骤 1　筛选数据。 删除第 53 行的各科平均成绩数据,然后选择 A1 单元格,在【数据】/【排序和筛选】组中单击"筛选"按钮 ,单击 E1 单元格右侧的下拉按钮,在弹出的下拉列表中选择【数字筛选】/【大于或等于】选项,打开"自定义自动筛选方式"对话框,在右上方的下拉列表框中输入"60",单击 确定 按钮,如图 2-45 所示。

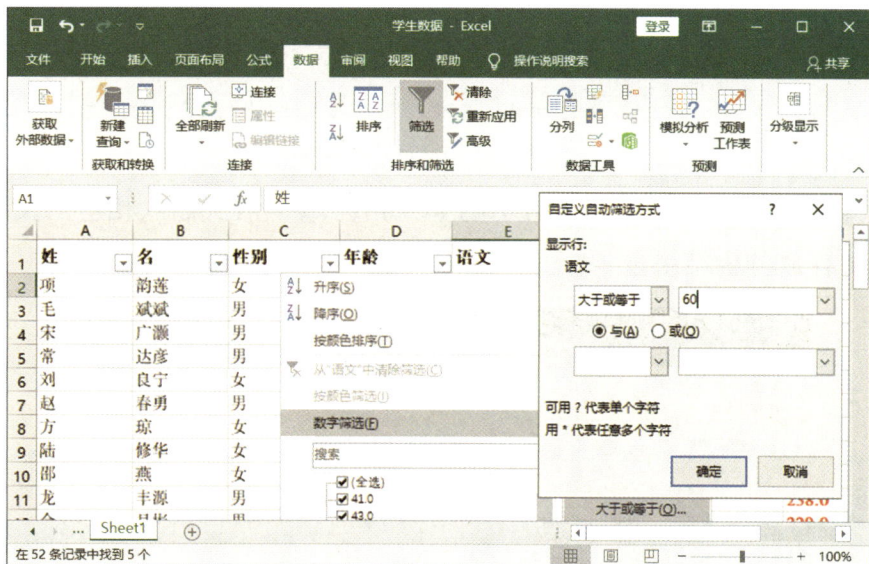

图 2-45　筛选语文成绩不低于 60 分的学生数据

步骤 2　新建工作表并复制数据。 单击"Sheet1"工作表标签右侧的"新工作表"按钮 新建一张空白工作表,双击该工作表名称,将其重命名为"语文及格分析",然后切换到"Sheet1"工作表,选择筛选后的 A1:J47 单元格区域,按【Ctrl+C】组合键复制数据,如图 2-46 所示。

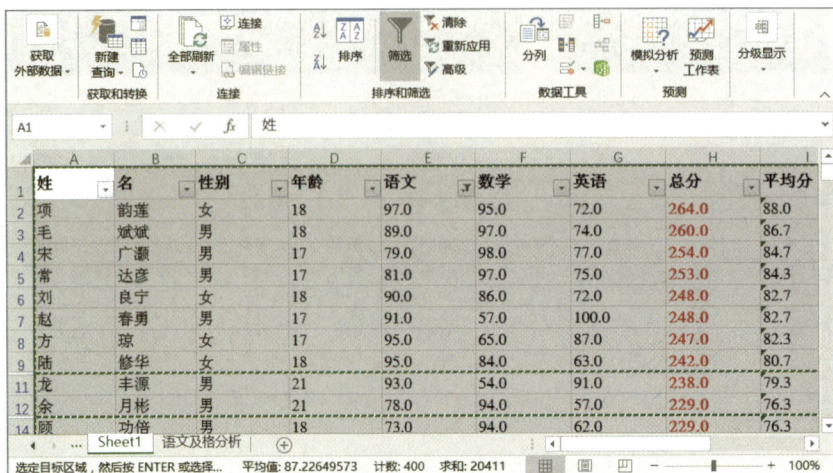

图 2-46　新建工作表并复制数据

步骤 3　粘贴数据并调整列宽。 切换到"语文及格分析"工作表，按【Ctrl+V】组合键粘贴数据，然后拖曳鼠标指针选择 A 列至 J 列的列标，适当向右拖曳 J 列列标右侧的分隔线，调整各列列宽，如图 2-47 所示。

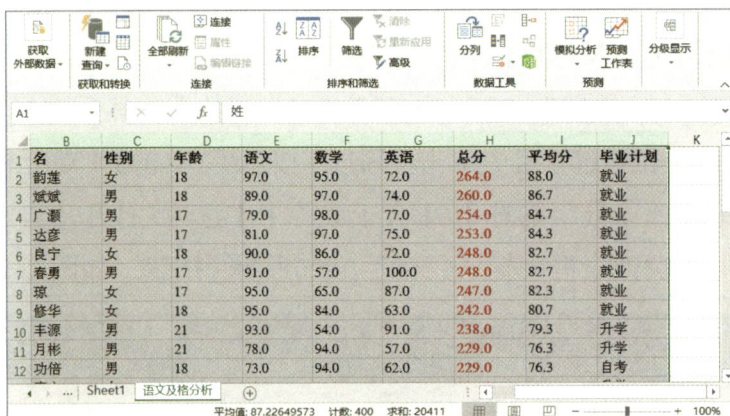

图 2-47　粘贴数据并调整列宽

步骤 4　输入文本。 在图 2-48 所示的单元格区域中依次输入相应的文本内容，方便后面数据分析时存放分析结果。

图 2-48　输入文本

步骤 5　统计男生人数。选择 M3 单元格，在编辑栏中输入"=COUNTIF(C2:C40,"男")"（即所有性别单元格中数据为"男"的单元格数量），按【Ctrl+Enter】组合键返回结果，如图 2-49 所示。

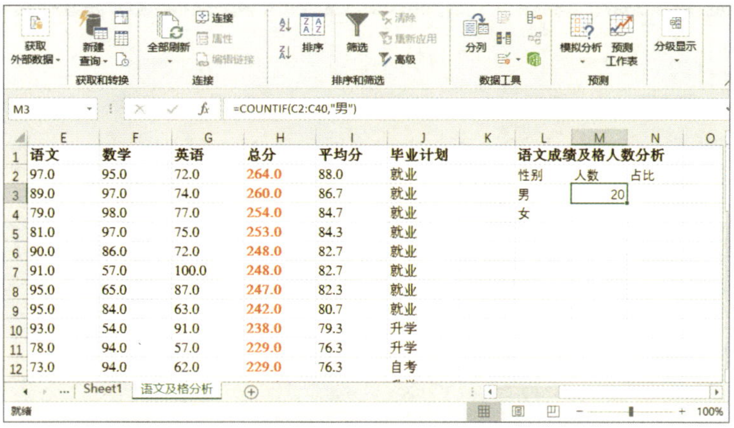

图 2-49　统计男生人数

步骤 6　统计女生人数。选择 M4 单元格，在编辑栏中输入"=COUNTIF(C2:C40,"女")"，按【Ctrl+Enter】组合键统计女生人数，如图 2-50 所示。

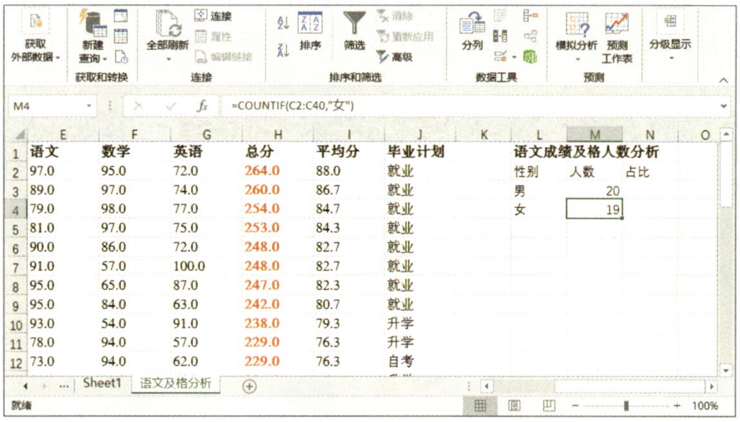

图 2-50　统计女生人数

步骤 7　计算男生占比。选择 N3 单元格，在编辑栏中输入"=M3/(M3+M4)"，按【Ctrl+Enter】组合键计算男生人数占比，如图 2-51 所示。

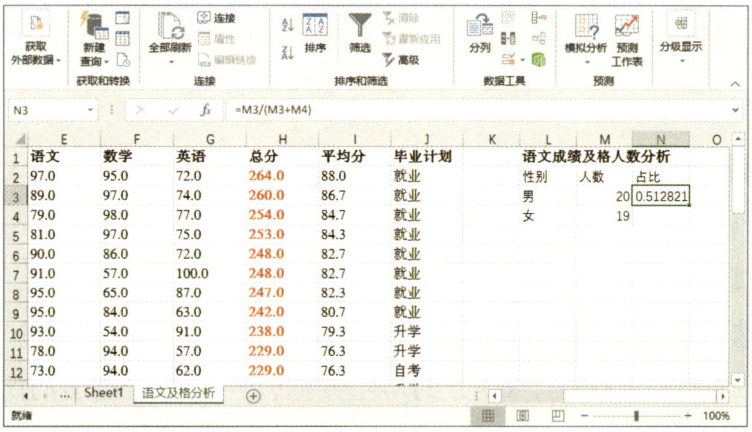

图 2-51　分析男生占比情况

步骤8　计算女生占比。 选择 N4 单元格，在编辑栏中输入 "=1-N3"，按【Ctrl+Enter】组合键计算女生人数占比，如图 2-52 所示。

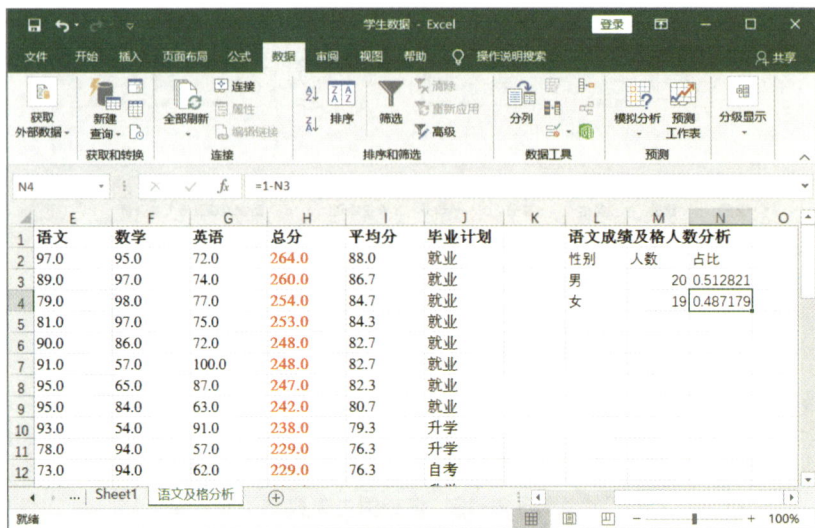

图 2-52　分析女生占比情况

步骤9　调整数据类型。 选择 N3:N4 单元格区域，在【开始】/【数字】组中依次单击"百分比"按钮 % 和"减少小数位数"按钮 ，将数据类型调整为含 1 位小数的百分比数据，如图 2-53 所示。

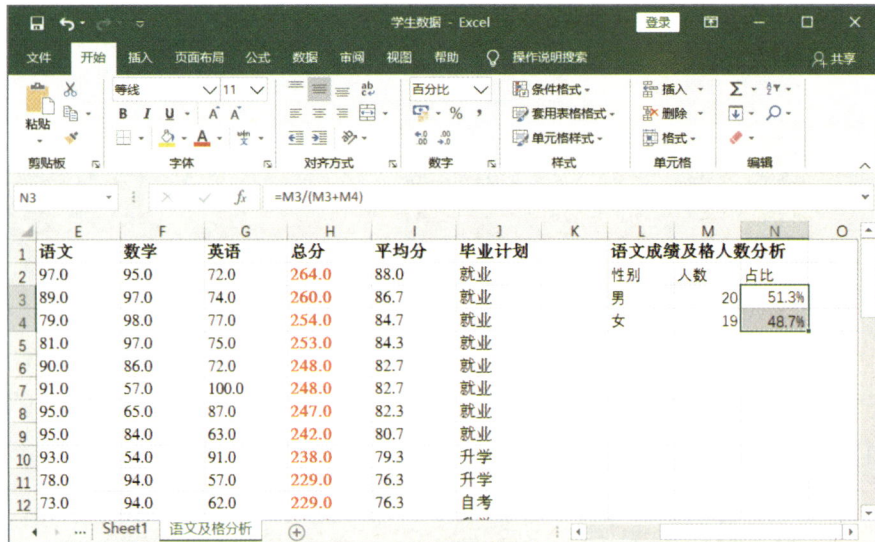

图 2-53　调整数据类型

4. 分析年龄分布情况

下面以分析性别占比为基础，按相同的思路分析平均分不低于 60 分的学生中、各年龄的人数分布情况和具体占比情况。具体操作如下。

步骤1　筛选并复制数据。 切换到"Sheet1"工作表，退出筛选状态，然后重新筛选出平均分大于或等于 60 分的学生数据，并选择筛选出的所有数据，按【Ctrl+C】组合键复制，如图 2-54 所示。

微课视频

分析年龄分布情况

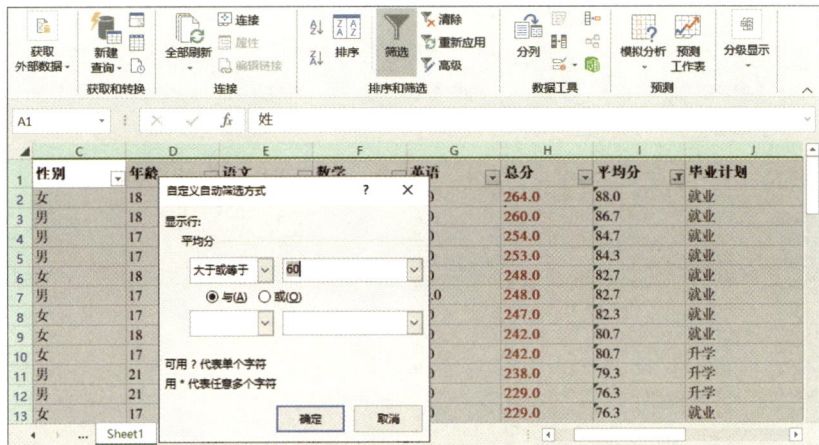

图 2-54　筛选数据

步骤 2　粘贴数据。新建"平均成绩年龄分布"工作表，按【Ctrl+V】组合键粘贴数据，然后调整各列列宽，如图 2-55 所示。

图 2-55　粘贴数据并调整列宽

步骤 3　输入文本。在图 2-56 所示的单元格区域中依次输入相应的文本内容。

图 2-56　输入文本

步骤 4　统计各年龄人数。利用 COUNTIF 函数统计 17 岁至 22 岁、平均分不低于 60 分的学生人数，如图 2-57 所示。

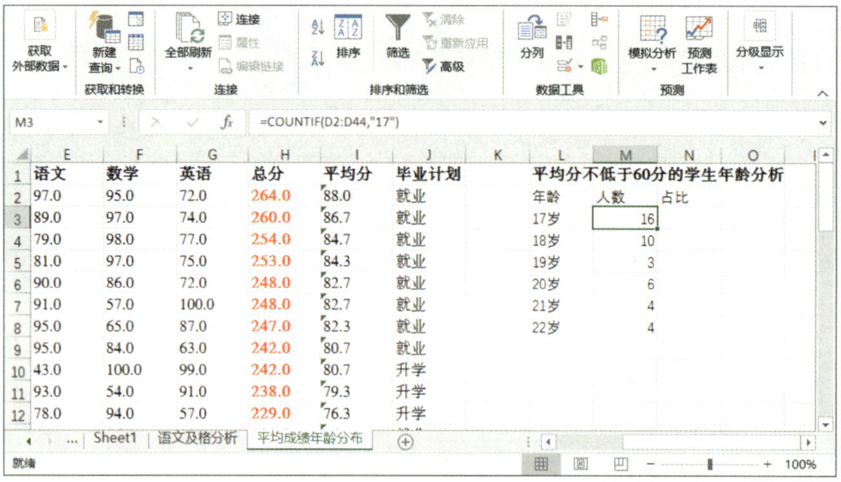

图 2-57　统计各年龄人数

步骤 5　计算各年龄人数占比。 利用公式计算各年龄平均分不低于 60 分的学生人数占总及格人数的比例，其中利用 SUM 函数求和时需将单元格引用转换为绝对引用（选择公式中的单元格区域后按【F4】键转换），如图 2-58 所示。

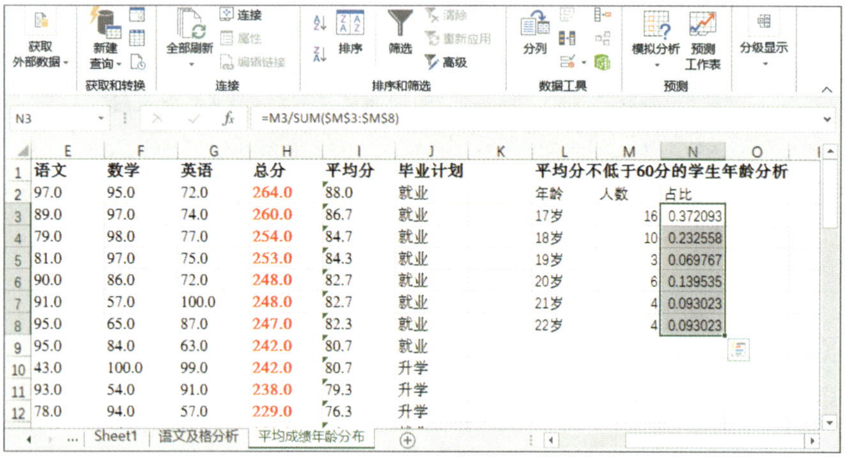

图 2-58　计算各年龄人数占比

步骤 6　调整数据类型。 将计算的占比数据调整为含 1 位小数的百分比数据，如图 2-59 所示。

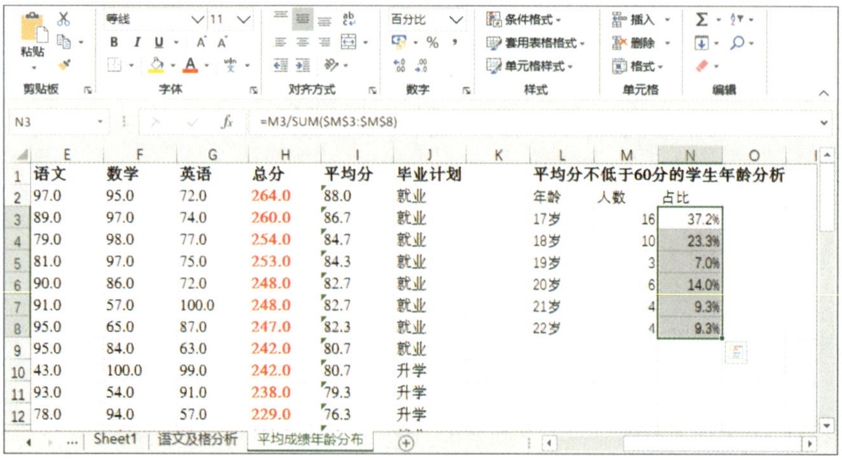

图 2-59　调整数据类型

> **提示**　当公式或函数中的某个或多个参数以函数的形式出现时，则这个函数就成为该公式或函数的嵌套函数。例如，图 2-58 中的公式，其分母就是一个求和函数，此时该求和函数就是该公式的嵌套函数。也就是说，Excel 中无论是公式还是函数，都可以包含嵌套函数作为参数进行计算，从而提高计算效率。

5. 统计毕业计划人数

根据本次调查，可以看到同学们有不同的毕业计划。下面将利用 Excel 的数据透视表功能统计各种毕业计划的学生人数。具体操作如下。

> **微课视频**
> 统计毕业计划人数

步骤 1　创建数据透视表。切换到"Sheet1"工作表，在【插入】/【表格】组中单击"数据透视表"按钮，打开"创建数据透视表"对话框，在"表/区域"文本框中引用 A1:J52 单元格区域，选中"现有工作表"单选按钮，在"位置"文本框中引用 K3 单元格，表示在当前工作表的 K3 单元格位置创建数据透视表，单击 确定 按钮，如图 2-60 所示。

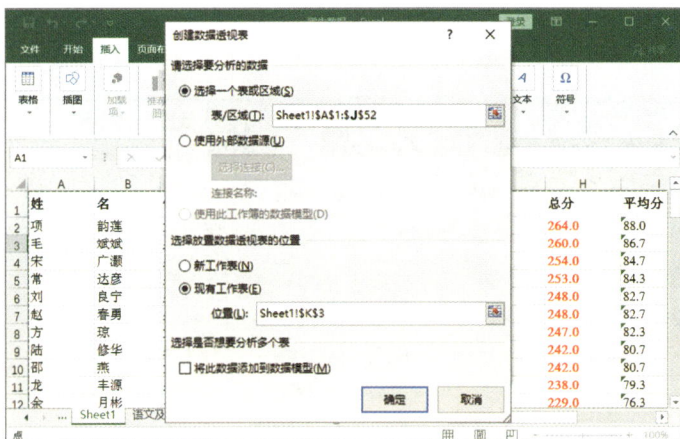

图 2-60　创建数据透视表

步骤 2　布局数据透视表。出现"数据透视表字段"窗格，将"毕业计划"字段拖曳到"行"区域，将"总分"字段拖曳到"值"区域，如图 2-61 所示。

图 2-61　布局数据透视表

步骤 3　设置字段的汇总方式。 单击"值"区域中添加的字段下拉按钮，在弹出的下拉列表中选择"值字段设置"选项，打开"值字段设置"对话框，在"计算类型"列表框中选择"计数"选项，单击 确定 按钮，如图 2-62 所示。

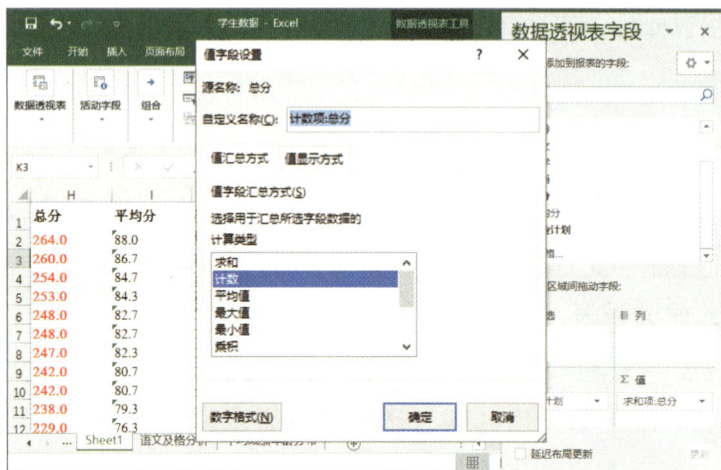

图 2-62　设置字段的汇总方式

步骤 4　查看统计人数。 此时数据透视表中将显示出不同毕业计划对应的学生人数，如图 2-63 所示。

图 2-63　统计毕业计划人数

（1）总结在 Excel 中使用排序和筛选功能的基本方法和操作。

（2）分组讨论数据透视表与基本的工作表相比有什么优势，尝试创建数据透视表并进行布局，看看能否获得想要的分析结果。

小组交流

课堂笔记

任务 **5** 分析图表制作

人们的大脑更喜欢接收视觉获取的信息，因此将枯燥的数字变为可视化的图形，有助于我们更好地理解数字想要传达的信息。在 Excel 中，可以充分借助其图表功能，创建各种生动形象的图表对象，以更加直观地反映数据的内容和特点。下面将继续在"学生数据 .xlsx"文件中，将分析的结果制作成可视化的数据图表。

> **资源链接**
>
> Excel 的图表包含各种组成元素，熟悉各元素的作用，有利于更好地利用图表展现数据。通过配套资源提供的"电子活页"文档内容，可详细了解 Excel 图表中各元素在图表中的位置和作用。
>
> 电子活页
>
> Excel 图表组成

1. 制作语文及格人数分析图

下面为"语文及格分析"工作表中的分析数据分别创建二维柱形图和二维饼图，显示及格人数的性别对比情况和占比情况。具体操作如下。

微课视频

制作语文及格人数分析图

步骤 1　创建二维柱形图。 在"学生数据 .xlsx"文件中切换到"语文及格分析"工作表，选择 L2:M4 单元格区域，在【插入】/【图表】组中单击"插入柱形图或条形图"按钮 ▯▾，在弹出的下拉列表中选择"二维柱形图"栏下的"簇状柱形图"选项 ▯，如图 2-64 所示。

图 2-64　创建二维柱形图

步骤 2　编辑二维柱形图。 拖曳图表右下角的控制点，适当增加图表大小，然后选择图表标题，将其修改为"语文成绩及格人数"，如图 2-65 所示。

> **资源链接**
>
> Excel 包含各种类型的图表，选择使用哪种图表之前，应该清楚数据之间的关系，并根据这种关系找到最合适的图表类型。通过配套资源提供的"电子活页"文档内容，查看常见 Excel 图表类型的相关知识。
>
> 电子活页
>
> 常见图表类型

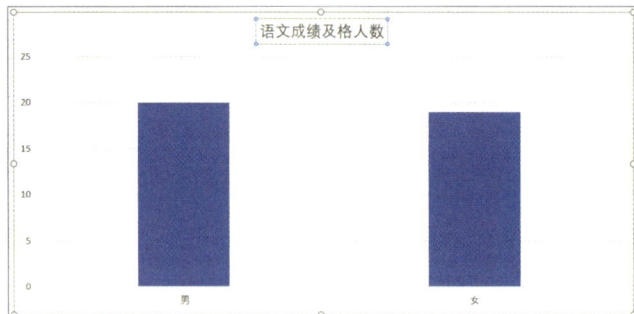

图 2-65　编辑二维柱形图

步骤 3　创建二维饼图。 选择 L2:L4 单元格区域，按住【Ctrl】键加选 N2:N4 单元格区域，在【插入】/【图表】组中单击"插入饼图或圆环图"按钮，在弹出的下拉列表中选择"二维饼图"栏下的"饼图"选项，如图 2-66 所示。

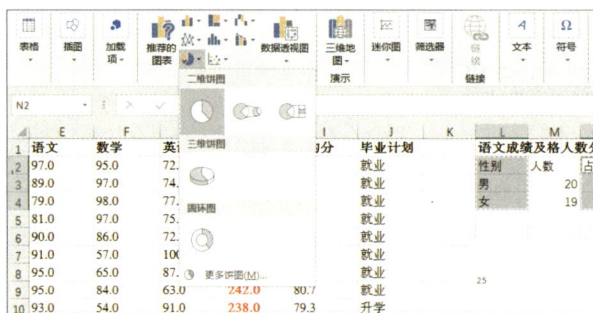

图 2-66　创建二维饼图

步骤 4　编辑二维饼图。 拖曳图表右下角的控制点，适当增加图表大小，然后选择图表标题，将其修改为"语文成绩及格人数性别占比"，如图 2-67 所示。

图 2-67　编辑二维饼图

2. 制作平均成绩年龄分布图

下面为"平均成绩年龄分布"工作表中的分析数据分别创建二维折线图和三维饼图，显示及格人数的性别对比情况和占比情况。具体操作如下。

步骤 1　创建二维折线图。 切换到"平均成绩年龄分布"工作表，选择 L2:M8 单元格区域，在【插入】/【图表】组中单击"插入折线图或面积图"按钮，在弹出的下拉列表中选择"二维折线图"栏下的"折线图"选项，如图 2-68 所示。

微课视频

制作半均成绩
年龄分布图

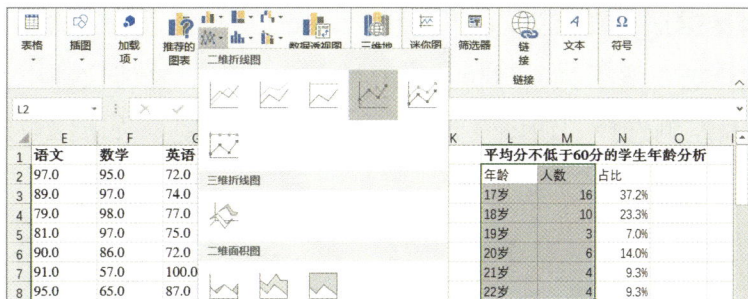

图 2-68 创建二维折线图

步骤 2 编辑二维折线图。拖曳图表右下角的控制点，适当增加图表大小，然后选择图表标题，将其修改为"平均分不低于 60 分的学生年龄分布"，如图 2-69 所示。

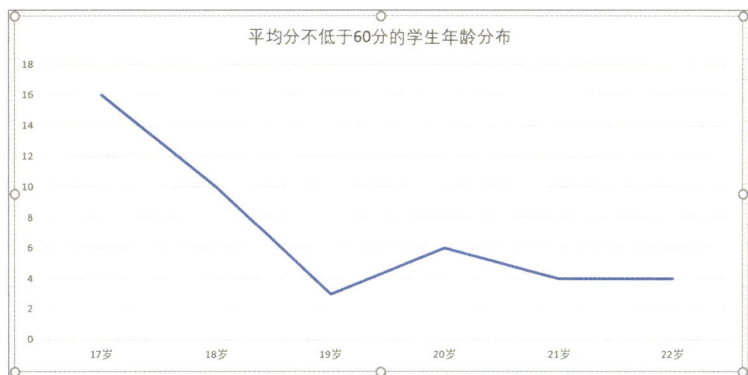

图 2-69 编辑二维折线图

步骤 3 创建并编辑三维饼图。选择 L2:L8 单元格区域，按住【Ctrl】键加选 N2:N8 单元格区域，在【插入】/【图表】组中单击"插入饼图或圆环图"按钮，在弹出的下拉列表中选择"三维饼图"栏下的"三维饼图"选项，然后适当增加创建的三维饼图大小，并将原图表标题修改为"各年龄平均分不低于 60 的学生人数占比"，如图 2-70 所示。

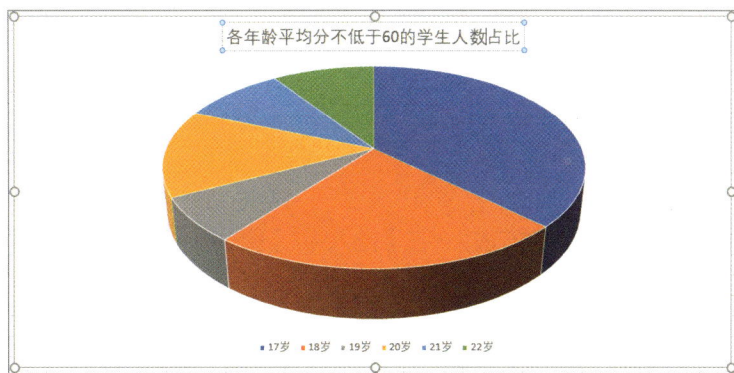

图 2-70 创建并编辑三维饼图

3. 制作毕业计划数据透视图

Excel 可以直接创建数据透视图，也可以在已有数据透视表的基础上快速创建数据透视图。由于前面已经创建好数据透视表，因此下面直接在其基础上完成数据透视图的创建任务。具体操作如下。

微课视频

制作毕业计划数据透视图

步骤1　选择数据透视图类型。 切换到"Sheet1"工作表，选择数据透视表区域中的任意单元格，在【数据透视表工具－分析】/【工具】组中单击"数据透视图"按钮，打开"插入图表"对话框，在左侧选择"饼图"选项，单击 确定 按钮，如图2-71所示。

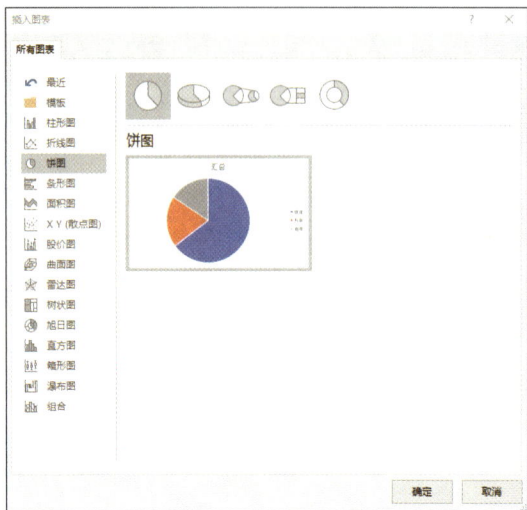

图2-71　选择饼图

步骤2　编辑数据透视图。 拖曳数据透视图右下角的控制点，适当增加图表大小，然后选择图表标题，将其修改为"全班学生毕业计划占比"，如图2-72所示。

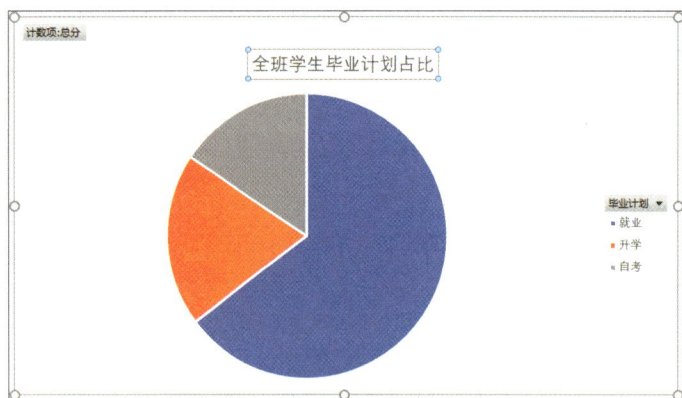

图2-72　编辑数据透视图

提示　　直接创建数据透视图的方法为：在【插入】/【图表】组中单击"数据透视图"按钮，打开"创建数据透视图"对话框，在"表/区域"文本框中设置数据源，在下方设置数据透视图的创建位置，单击 确定 按钮，最后将"数据透视图字段"窗格中的字段添加到下方对应的区域即可。整个过程与数据透视表的创建类似。

小组交流　　（1）分组讨论Excel图表的组成元素，以及各元素的主要作用。
（2）总结Excel图表中常用的柱形图、条形图、折线图、饼图等各适用于哪些数据可视化场景。

任务 6 编辑与美化图表

虽然前面创建了各种图表和数据透视图，并适当编辑了图表的大小和标题内容，但此时的图表还不能很好地展示数据关系和特点，因此下面还需要进一步对图表进行调整，包括编辑图表的内容和美化图表格式等，使其能够更直观、更形象地展示数据。

微课视频
编辑与美化图表

资源链接 Excel 不仅允许创建各种类型的图表，而且提供了丰富的图表编辑和美化等功能，可以对图表的类型、数据、布局、样式、格式等进行编辑和美化。通过配套资源提供的"电子活页"文档内容，详细了解相关内容。

电子活页
编辑与美化图表

下面开始对创建的图表进行编辑与美化。具体操作如下。

步骤 1 设置图表样式。切换到"语文及格分析"工作表，选择"语文成绩及格人数"图表，在【图表工具 - 设计】/【图表样式】组的"图表样式"下拉列表中选择"样式 4"选项。效果如图 2-73 所示。

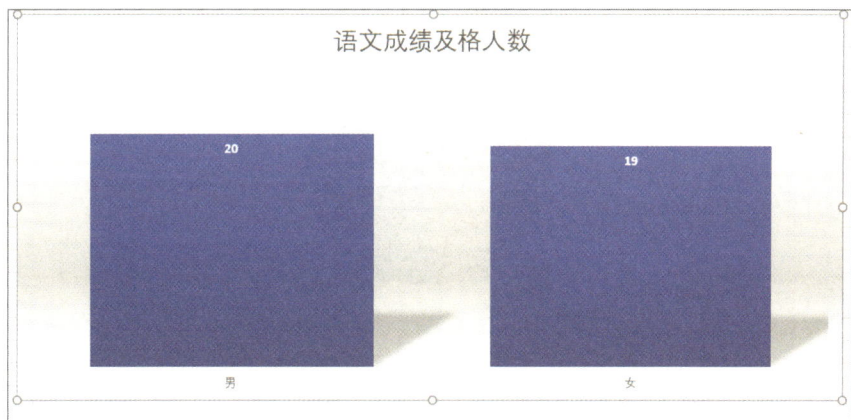

图 2-73 设置图表样式后的效果

步骤 2 修改图表颜色。单击该组中的"更改颜色"按钮，在弹出的下拉列表中选择"单色"栏下的"单色调色板 2"选项。效果如图 2-74 所示。

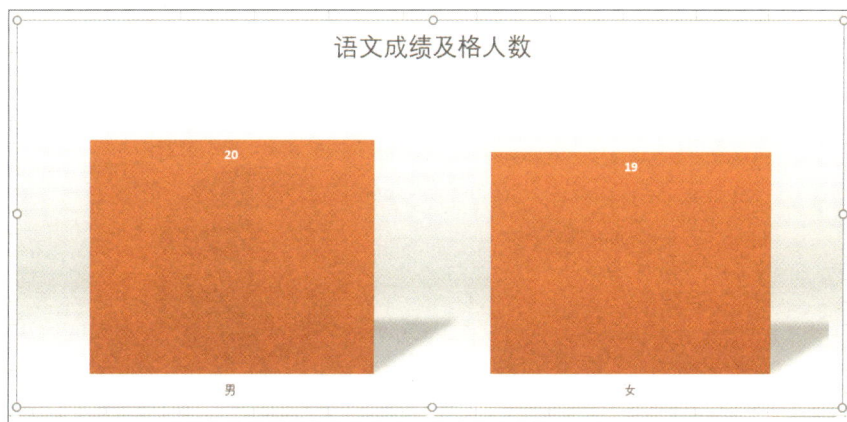

图 2-74 修改图表颜色后的效果

步骤 3　设置图表字体。 在【开始】/【字体】组的"字体"下拉列表框中选择"方正书宋简体"选项。效果如图 2-75 所示。

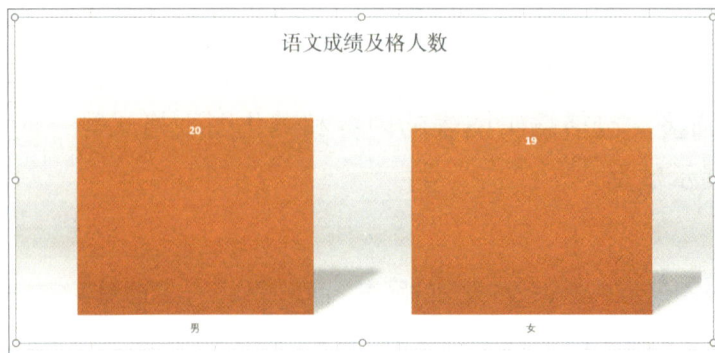

图 2-75　设置图表字体后的效果

步骤 4　设置图表样式和字体。 选择"语文成绩及格人数性别占比"图表，在【图表工具 - 设计】/【图表样式】组的"图表样式"下拉列表中选择"样式 5"选项，然后在【开始】/【字体】组的"字体"下拉列表框中选择"方正书宋简体"选项。效果如图 2-76 所示。

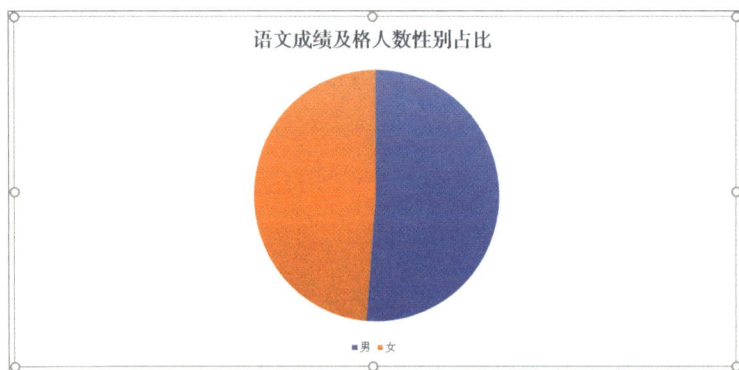

图 2-76　设置图表样式和字体后的效果

步骤 5　添加数据标签。 在【图表工具 - 设计】/【图表布局】组中单击"添加图表元素"按钮，在弹出的下拉列表中选择【数据标签】/【数据标签外】选项，如图 2-77 所示。

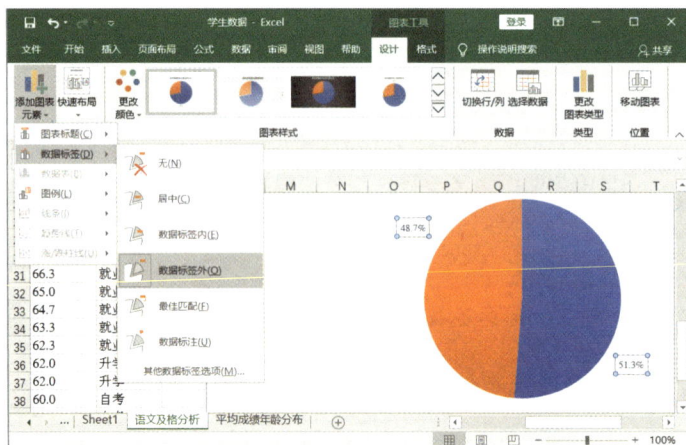

图 2-77　添加数据标签

步骤6 设置图表样式。 切换到"平均成绩年龄分布"工作表,选择其中的折线图,在【图表工具 - 设计】/【图表样式】组的"图表样式"下拉列表中选择"样式4"选项。效果如图2-78所示。

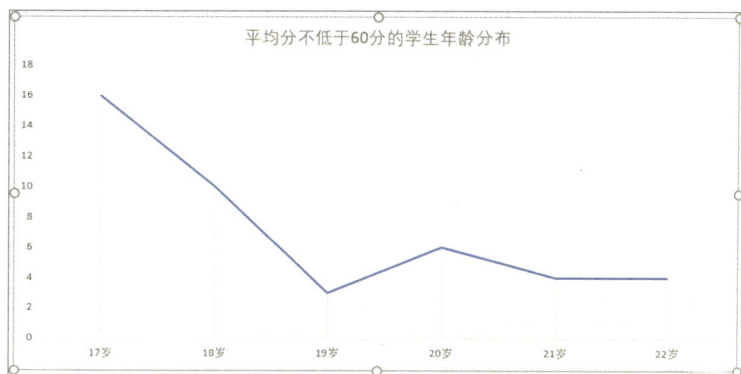

图 2-78 设置图表样式后的效果

步骤7 设置图表字体并添加数据标签。 同样将该图表的文字格式设置为"方正书宋简体",然后为其添加位于数据系列上方的数据标签。效果如图2-79所示。

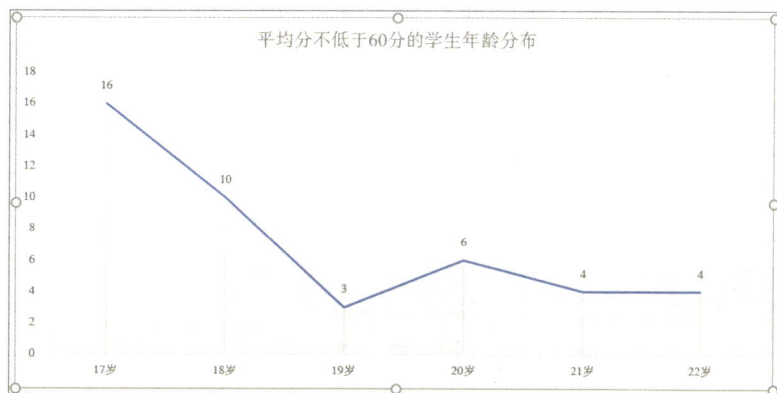

图 2-79 设置图表字体并添加数据标签后的效果

步骤8 删除图例元素并设置图表字体。 选择该工作表中的饼图对象,然后选择其中的图例元素,按【Delete】键删除。单击图表标题两侧的空白区域重新选择整个图表,将其字体设置为"方正书宋简体"。效果如图2-80所示。

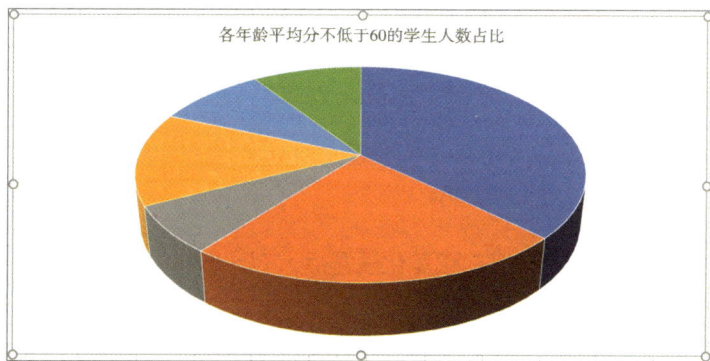

图 2-80 删除图例元素并设置图表字体后的效果

步骤9 添加并设置数据标签。 在【图表工具 - 设计】/【图表布局】组中单击"添加图表元素"按钮 📊，在弹出的下拉列表中选择【数据标签】/【数据标签内】选项。双击添加的数据标签，在"设置数据标签格式"窗格中勾选"类别名称"复选框，如图 2-81 所示。

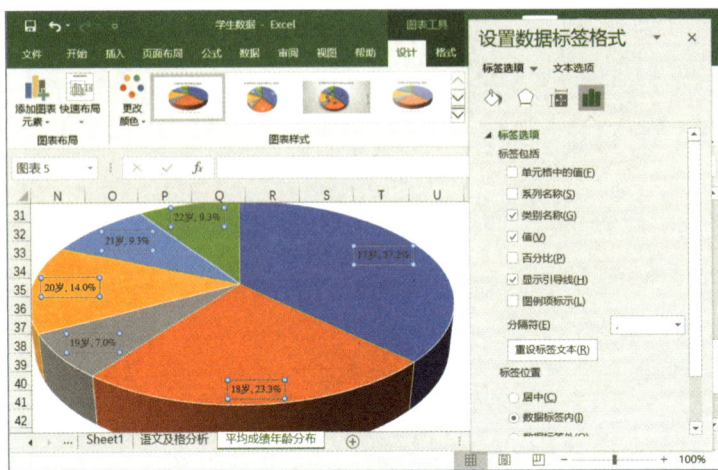

图 2-81　添加并设置数据标签

步骤 10　设置数据透视图。切换到"Sheet1"工作表，为其中的数据透视图应用"样式 5"的图表样式，将图表字体设置为"方正书宋简体"。接着为数据透视图添加位于外面的数据标签，双击数据标签，在"设置数据标签格式"窗格中勾选"类别名称"和"百分比"复选框，取消勾选"值"复选框，并在"数字"栏中将数据类型设置为含 1 位小数的百分比类型，保存设置，如图 2-82 所示（配套资源：效果\模块二\学生数据.xlsx）。

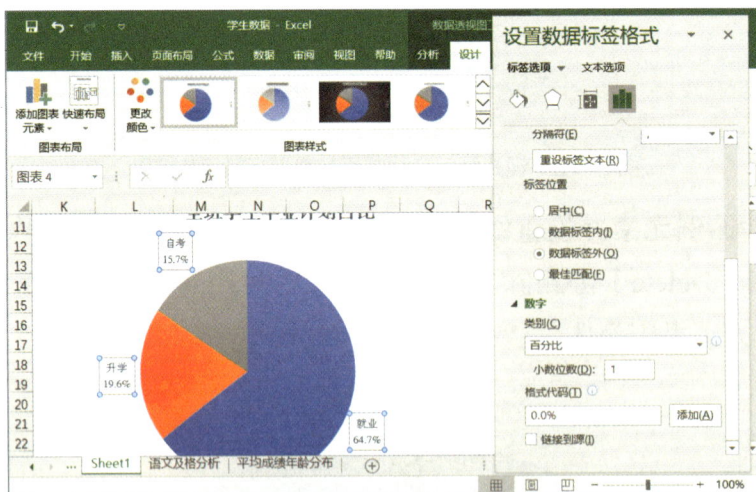

图 2-82　设置数据透视图

小组交流

（1）对创建的图表进行编辑和美化设置后，对比各小组的图表效果，看看哪个组的数据可视化效果最好。

（2）从数据可视化角度出发，尝试总结美化图表应该注意哪些方面的问题。

任务 7 编制数据分析报表

利用 Excel 完成数据分析和可视化展示后，接下来我们就可以利用 Word 来完成数据分析报表的编制工作了。对于简单的数据分析报表，我们首先需要说明这次数据分析的目的、背景或原因，然后针对每一个分析内容，说明分析的情况和特点，最后进行适当总结。

微课视频

编辑数据分析报表

资源链接 对于专业的数据分析报表，其内容结构往往由文前、正文、结尾等部分组成。其中，文前主要是目录和前言，正文包括摘要、数据采集说明、数据分析过程、数据可视化展示、数据分析结构等内容，结尾则主要由建议、附录等部分组成。详细内容可通过配套资源提供的"电子活页"文档内容进行查看。

电子活页

数据分析报表的结构

步骤 1 创建 Word 文档。 启动 Word 2016，并将文档以"数据报表"为名进行保存。然后输入报表的标题并设置段落文本格式为"方正书宋简体、加粗、三号、居中对齐"。效果如图 2-83 所示。

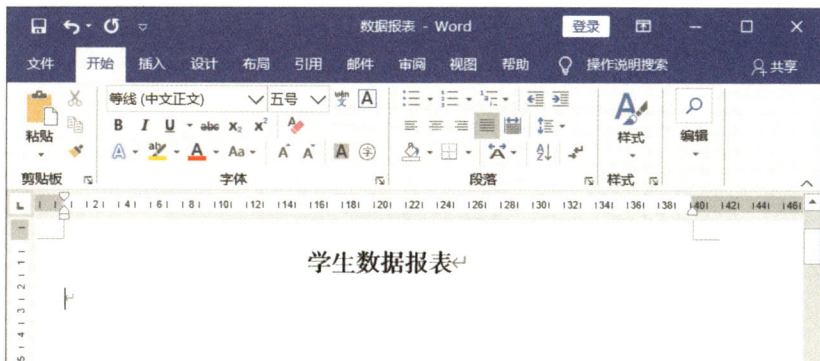

图 2-83 创建文档并输入标题

步骤 2 介绍背景。 换行输入本次数据分析的背景，包括原因、数据采集情况等内容，如图 2-84 所示。

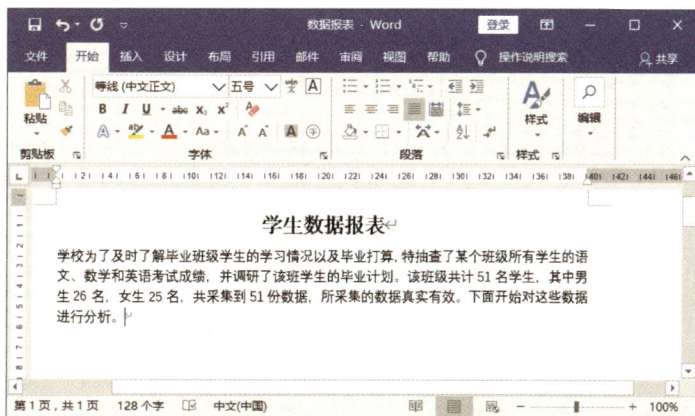

图 2-84 介绍数据分析的背景

步骤 3　分析总体成绩。按【Enter】键换行后输入标题，然后继续换行并按【Ctrl+Z】组合键撤销自动编号，接着从总分和平均分的角度对总体成绩的情况进行分析解读，如图 2-85 所示。

图 2-85　分析总体成绩

步骤 4　复制并粘贴 Excel 图表。在"学生数据 .xlsx"文件中切换到"语文及格分析"工作表，选择其中的柱形图，按【Ctrl+C】组合键复制图表。然后切换到"数据报表 .docx"文件中，按【Enter】键换行，再按【Ctrl+V】组合键粘贴 Excel 图表，如图 2-86 所示。

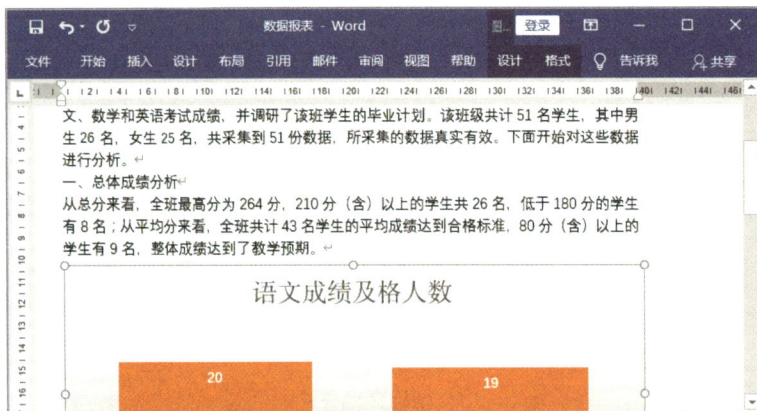

图 2-86　复制并粘贴 Excel 图表

步骤 5　分析语文成绩及格人数。在图表上方的段落后单击定位文本插入点，按 2 次【Enter】键，分别输入与该图表相关的标题和分析内容，如图 2-87 所示。

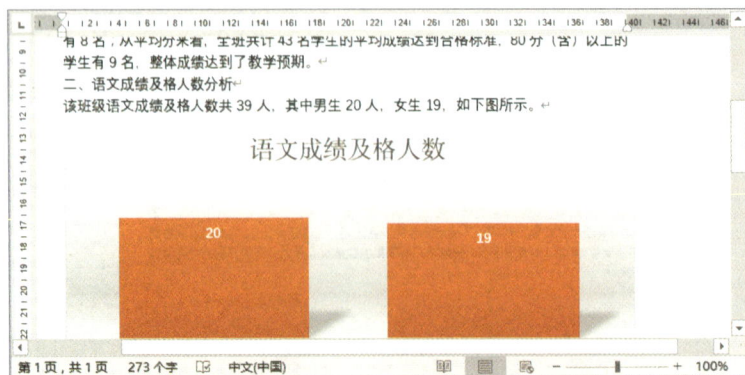

图 2-87　分析图表内容

步骤6　分析语文成绩及格人数性别占比情况。在图表所在段落的段末单击定位文本插入点，按3次【Enter】键，将"学生数据.xlsx"文件中"语文及格分析"工作表中的饼图复制到Word文档中，并输入与该图表相关的标题和分析内容，如图2-88所示。

图2-88　复制图表并输入分析内容

步骤7　分析其他图表。按相同的方法依次将"学生数据.xlsx"文件中"平均成绩年龄分布"工作表中的折线图和饼图，以及"Sheet1"工作表中的数据透视图复制到"数据报表.docx"文档中，然后输入相应的标题和分析内容，如图2-89所示。

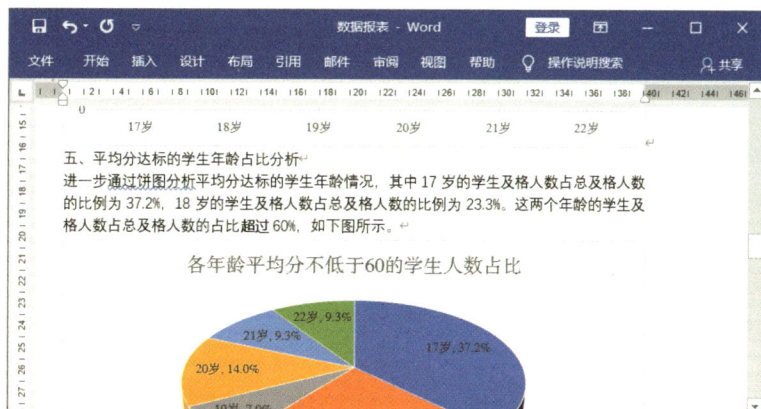

图2-89　复制其他图表并输入分析内容

步骤8　分析总结。将文本插入点定位到文档末尾，按【Enter】键换行，输入本次任务的分析总结内容，如图2-90所示。

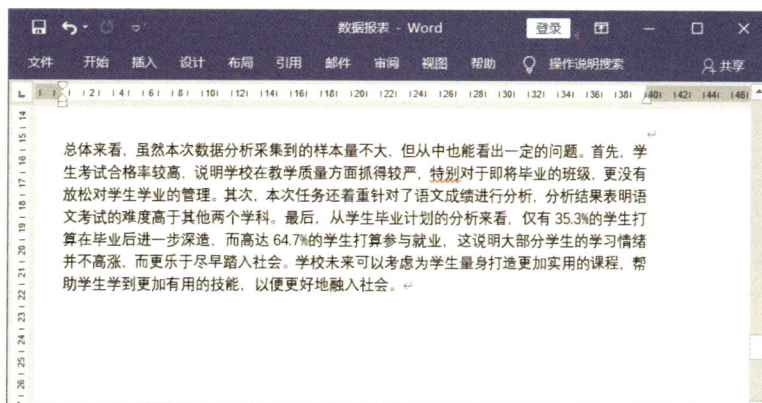

图2-90　输入分析总结的相关内容

步骤9　设置标题。将文档中包含"一、""二、""三、"……等编号样式的段落文本格式设置为"方正黑体简体、小四"。效果如图2-91所示。

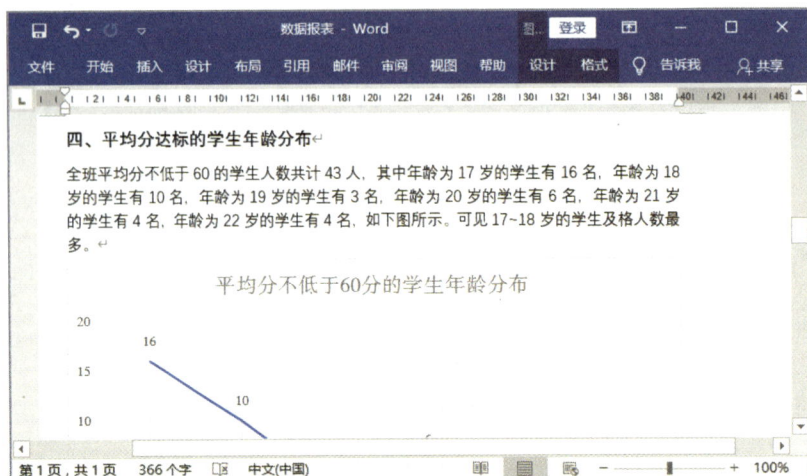

图2-91　设置标题段落的文本格式后的效果

步骤10　设置正文。将其他正文段落的格式设置为"方正宋一简体、首行缩进2字符"，保存设置，完成报表编制任务。效果如图2-92所示（配套资源:效果\模块二\数据报表.docx）。

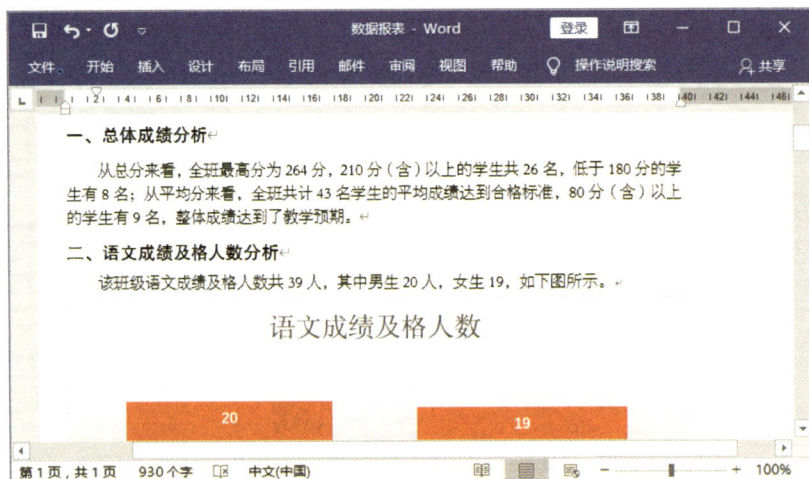

图2-92　设置正文格式后的效果

小组交流

（1）分组讨论数据报表应该重点编制哪些内容。

（2）各组按具体数据分析的情况安排好数据报表的编制内容。

课堂笔记

任务 8 批量数据的自动采集、处理和分析

本次任务将给大家介绍如何使用八爪鱼采集器实现网络数据的自动批量采集，然后利用 Power BI Desktop 软件快速使采集的数据以可视化的方式呈现，达到数据分析的目的。

1. 使用八爪鱼采集器采集数据

八爪鱼采集器是一款网页数据采集软件，具有使用简单、功能强大等特点。使用八爪鱼采集器采集数据时，其过程涉及新建任务、指定元素、采集数据、保存数据等步骤。下面通过模板采集的方式快速采集京东商城中某个商品的评价数据。具体操作如下。

步骤 1　下载并登录。 在八爪鱼采集器的官方网站上下载该工具，将其安装到计算机上并启动，注册后输入账号和密码，单击 登录 按钮，如图 2-93 所示。

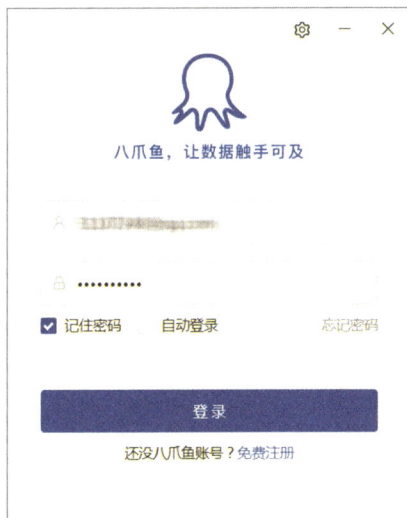

图 2-93　输入账号、密码并登录八爪鱼采集器

步骤 2　新建模板任务。 登录八爪鱼采集器后，单击左侧的 ＋新建 按钮，在弹出的下拉列表中选择"模板任务"选项，如图 2-94 所示。

图 2-94　新建模板任务

步骤3 选择模板类型。 在显示的界面中选择京东对应的模板缩略图，如图2-95所示。

图2-95 选择模板类型

步骤4 选择采集模板。 此时将显示所有与京东相关的采集模板，这里选择第2个采集模板对应的缩略图，如图2-96所示。

图2-96 选择具体的采集模板

步骤5 使用模板。 打开显示所选模板详情的页面，选择相应的选项卡，可以了解模板的介绍、采集字段、采集参数和示例数据，确认无误后可单击 立即使用 按钮，如图2-97所示。

图2-97 使用模板

步骤6 复制商品网址。 打开显示模板基本信息和配置参数的页面，在"输入网址（1 ~ 10000)："文本框中将需要采集评价数据对应的商品网址输入或复制到其中（可事先在京东商城中找到该商品，并将其网址复制下来），单击 保存并启动 按钮，如图 2-98 所示。

图 2-98　复制商品网址并启动采集模板

步骤 7　选择采集模式。 打开"选择采集模式"对话框，其中包含多种采集方式，这里单击 启动本地采集 按钮执行本地采集操作，如图 2-99 所示。

图 2-99　选择采集模式

步骤 8　采集数据。 八爪鱼采集器开始根据模板设置的内容采集指定的数据，并同步显示采集过程。当采集到足够的数据后，可单击 停止采集 按钮，如图 2-100 所示。

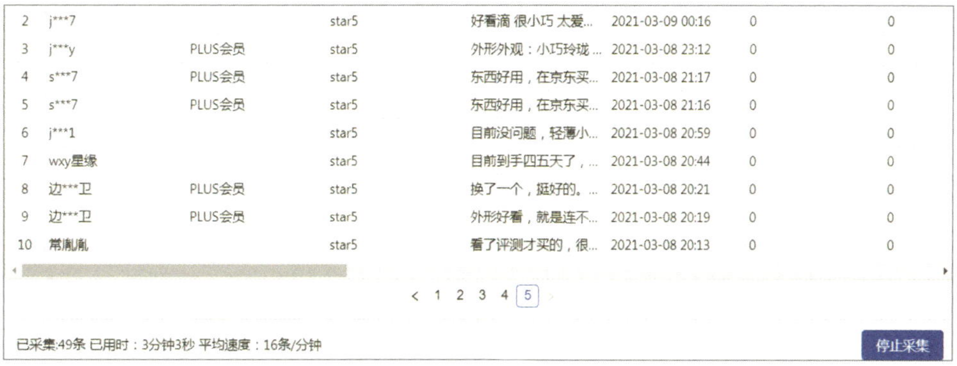

图 2-100　开始采集数据

步骤 9　停止采集数据。 打开提示对话框，提示是否确定停止数据的采集工作，单击 确定 按钮，如图 2-101 所示。

图 2-101   停止采集数据

步骤 10   导出数据。 打开提示对话框，提示数据的采集工作已经停止，并显示采集花费的时间和采集到的数据量，单击 导出数据 按钮，如图 2-102 所示。

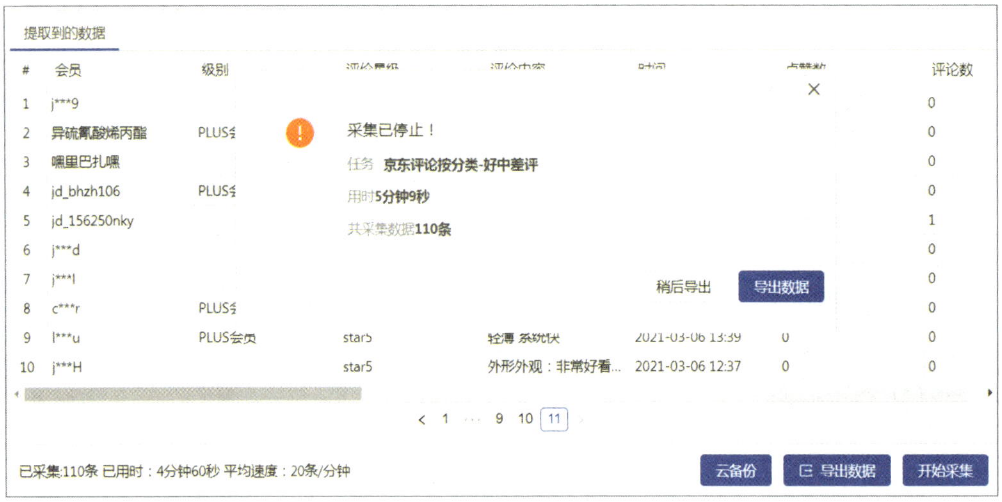

图 2-102   导出数据

步骤 11   选择导出方式。 打开导出本地数据对话框，选中"Excel(xlsx)"单选按钮，单击 确定 按钮，如图 2-103 所示。

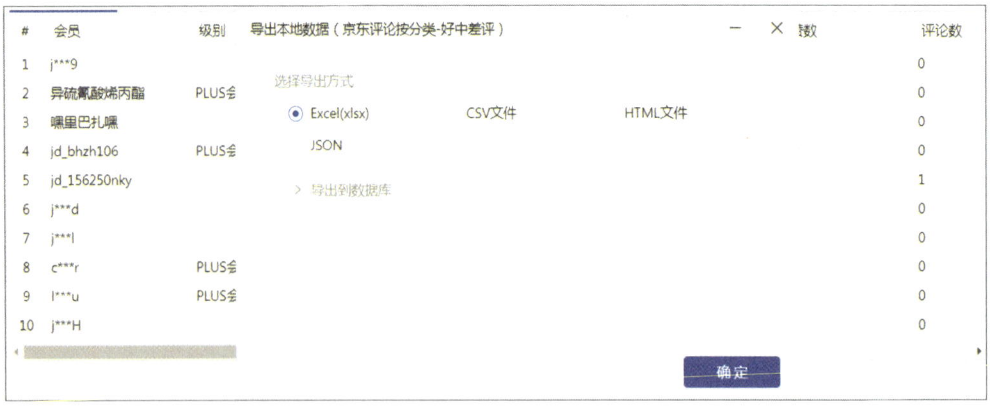

图 2-103   选择导出方式

步骤 12   保存数据。 打开"另存为"对话框，在其中可设置数据的保存位置和名称，这里保持默认设置，直接单击 保存(S) 按钮，如图 2-104 所示。

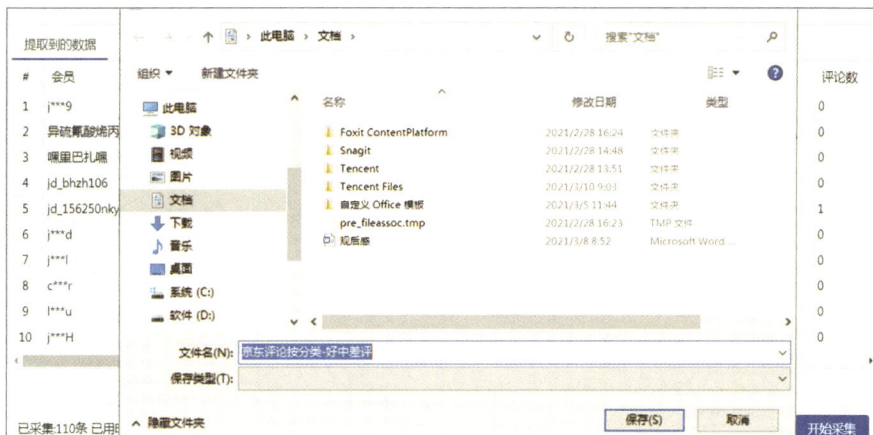

图 2-104　设置数据的保存位置和名称

步骤 13　完成导出操作。 八爪鱼采集器开始导出数据，如图 2-105 所示。完成后关闭对话框并退出该软件即可（配套资源：效果 \ 模块二 \ 京东评论按分类 - 好中差评 .xlsx）。

图 2-105　完成导出操作

> **资源链接**
> 除利用模板采集数据外，在八爪鱼采集器中还可通过自动识别、手动采集等方式完成数据的采集工作。通过配套资源提供的"电子活页"文档内容，详细了解与之相关的具体内容。

电子活页

八爪鱼采集器其他采集方式

2. 使用 Power BI Desktop 分析数据

Power BI Desktop 是一款专业的报表处理和分析软件，具有数据视图管理、数据转换管理、多维报表设计等功能。下面将其下载并安装到计算机中，然后利用它来分析八爪鱼采集器采集到的数据。具体操作如下。

微课视频

使用 Power BI Desktop 分析数据

步骤 1　选择数据源。 下载并安装 Power BI Desktop 后启动该软件，在出现的欢迎界面中单击 开始使用 按钮并单击 取消 按钮取消输入电子邮箱地址后进入主界面。在主界面的"主页"中单击"获取数据"按钮 下方的下拉按钮，在弹出的下拉列表中选择"Excel"选项，如图 2-106 所示。

图 2-106　选择数据源

步骤 2　选择数据文件。 打开"打开"对话框，找到前面利用八爪鱼采集器采集到的数据文件，选择该文件后单击 打开(O) 按钮，如图 2-107 所示。

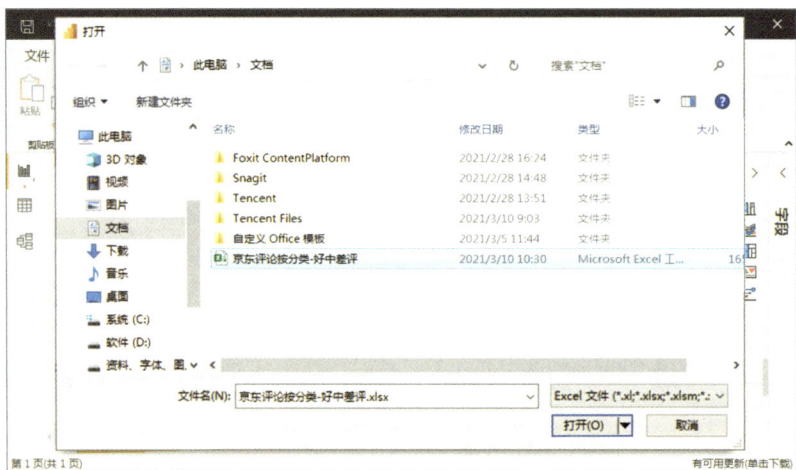

图 2-107　选择 Excel 文件

步骤 3　加载数据。 打开"导航器"对话框，Power BI Desktop 将显示所选的文件名称。此时需要勾选该文件下的工作表复选框，然后单击 加载 按钮，如图 2-108 所示。

图 2-108　加载 Excel 文件内的数据

步骤 4　选择可视化类型并添加字段。 在"可视化"窗格中单击可视化效果对应的图标，这里单击"饼图"图标 ◑，然后将"字段"窗格中的"级别"字段拖曳到"图例"栏下的文本框中，如图 2-109 所示。

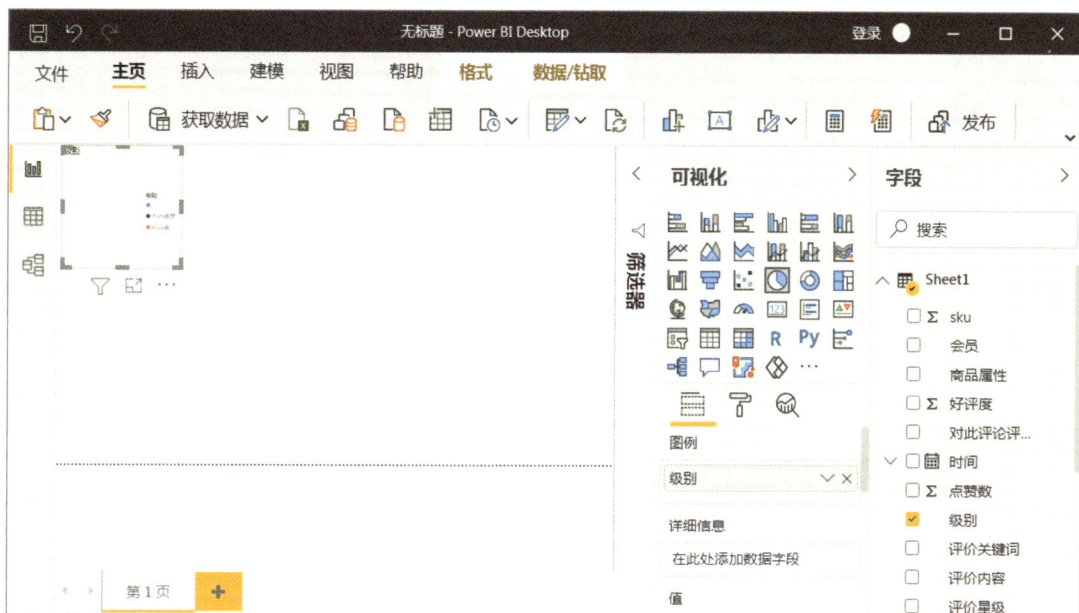

图 2-109　选择可视化类型并添加字段

步骤 5　再次添加字段。 继续将"会员"字段拖曳到"值"栏下的文本框中，如图 2-110所示。

图 2-110　再次添加字段

步骤 6　设置字段显示方式。 单击"值"栏下文本框中字段对应的下拉按钮，在弹出的下拉列表中选择【将值显示为】/【占总计的百分比】选项，如图 2-111 所示。

图 2-111　设置字段显示方式

步骤 7　查看图表。 在视图区拖曳图表右下角的控制标记，放大图表，此时可看到该商品的评论中，近 65% 的评论是由非 PLUS 会员发布，另外还有 33% 左右的评论由 PLUS 会员所发布，剩余 1.82% 的比例为试用期的 PLUS 会员发布，如图 2-112 所示。

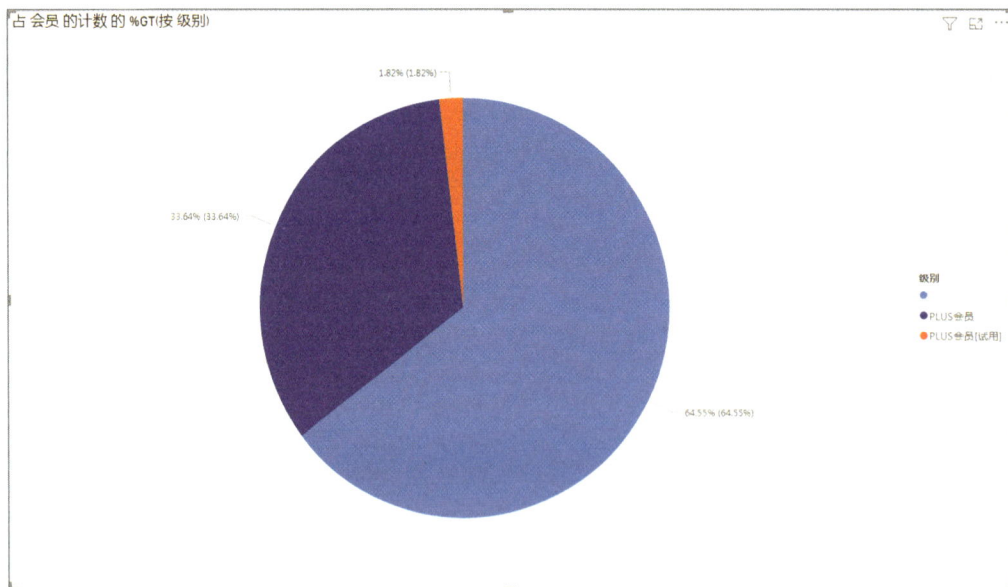

图 2-112　查看图表

步骤 8　删除字段并更改可视化类型。 分别单击"图例"栏和"值"栏下字段按钮中的"删除"按钮 ✕，将字段删除；然后在"可视化"窗格中单击"圆环"图标 ◎，调整数据可视化的类型，如图 2-113 所示。

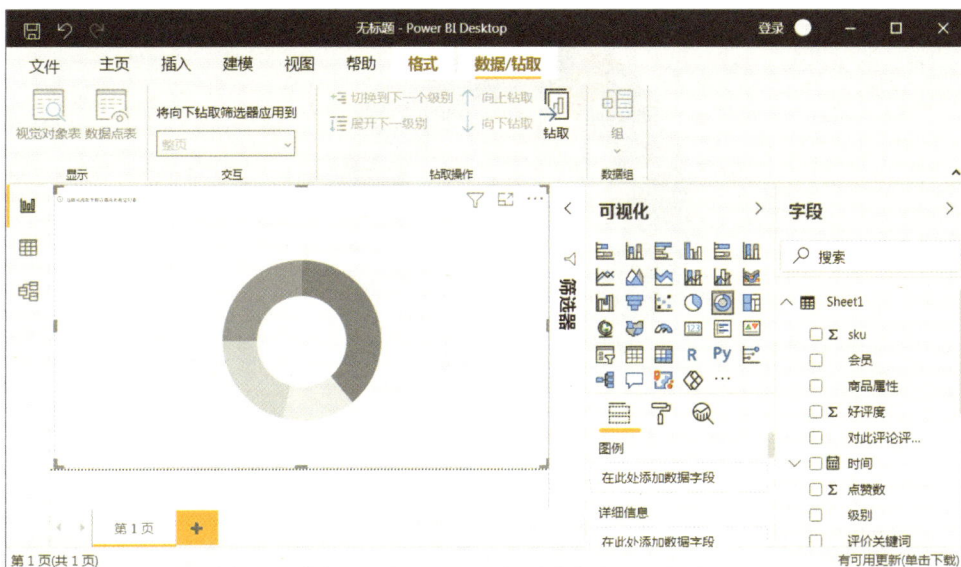

图 2-113　删除字段并更改可视化类型

步骤 9　添加字段。 将"评价星级"字段拖曳到"图例"栏下的文本框中,将"会员"字段拖曳到"值"栏下的文本框中, 保持值字段的默认显示方式,如图 2-114 所示。

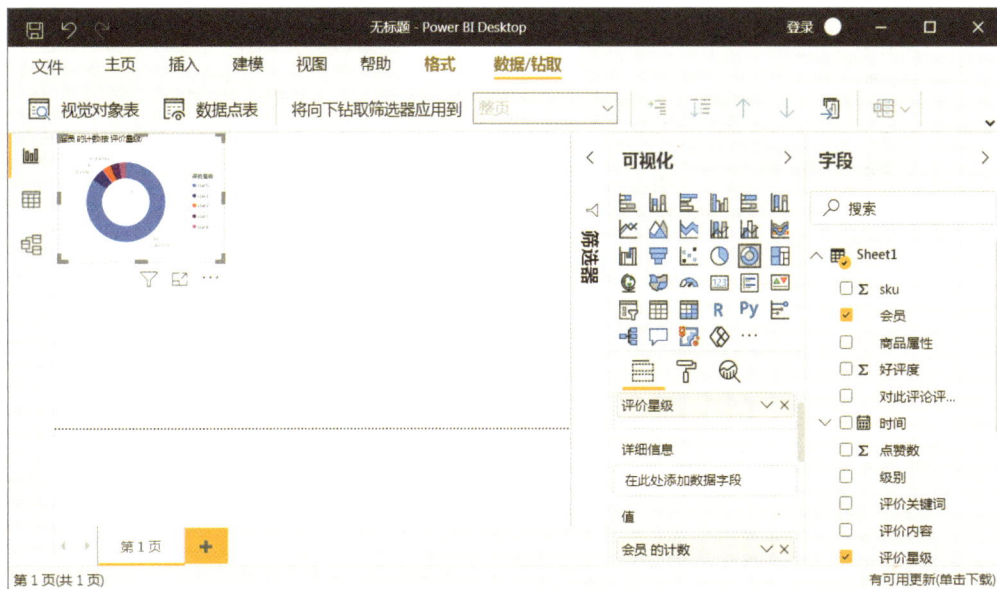

图 2-114　添加字段

步骤 10　查看图表。 在视图区拖曳图表右下角的控制标记,放大图表。可看到所采集到的评论中,5 星评价的数量为 93 个,占比近 85%,说明商品质量、外观、物流等各方面都得到了消费者的认可。此外,1 星评价有 6 个,2 星评价有 4 个,3 星评价有 4 个,4 星评价有 3 个,这 4 种评价的占比之和为 15% 左右,如图 2-115 所示。商家可着重查看评价内容,通过消费者反映的问题进一步提高商品质量。

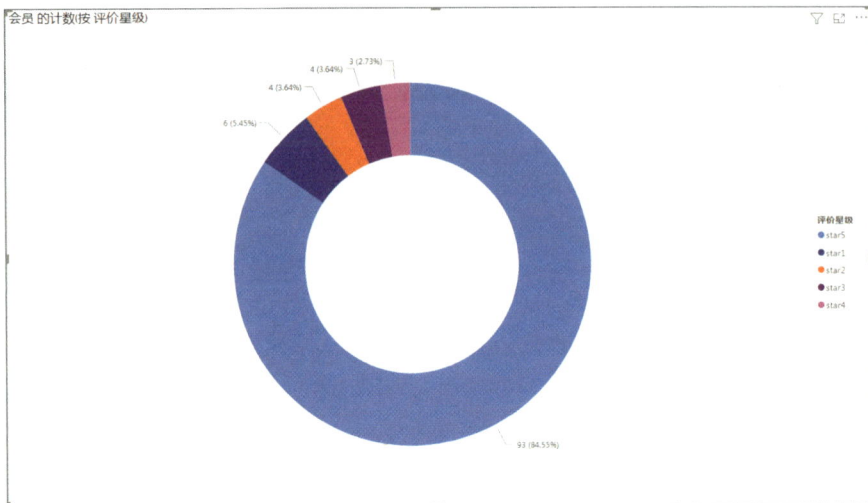

图 2-115　查看图表

步骤 11　保存文件。 按【Ctrl+S】组合键打开"另存为"对话框，将文件以"评论分析 .pbix"为名保存在计算机中，如图 2-116 所示（配套资源：效果 \ 模块二 \ 评论分析 .xlsx）。

图 2-116　保存文件

小组交流

（1）以小组为单位，尝试通过互联网了解通过采集器采集数据资料的方法，总结八爪鱼采集器的几种数据采集方法。

（2）尝试利用 Power BI Desktop 软件将本任务前面采集的中秋月饼的售出数据进行可视化展示，讨论该软件在数据可视化方面与 Excel 的相同和不同之处是什么。

课堂笔记

课后思考

班级：_____　　　　姓名：_____　　　　成绩：_____

思考题 1：

根据本模块所讲知识，请同学们思考和讨论"数据报表编制"在我们学习和工作中的重要性，并举例说明。

_____

_____

_____

_____

思考题 2：

数据成为信息时代的核心战略资源，对国家治理能力、经济运行机制、社会生活方式产生深刻影响。与此同时，各项技术应用背后的数据安全风险也日益凸显。近年来，数据泄露、数据窃听、数据滥用等安全事件屡见不鲜，保护数据资产已引起各国高度重视。根据所学知识思考讨论，如何在此背景下保护和尊重个人隐私？

_____

_____

_____

_____

思考题 3：

在通信技术、互联网、大数据等新兴技术的推动下，数据在现代社会的地位越来越重要，无论是国家对人口、经济、贸易等领域的统计，还是企业对生产、仓储、销售的管理，都离不开对数据的处理和分析。如何在这样的背景下提升自身数据分析能力，适应"互联网+"等社会信息化发展趋势？

_____

_____

_____

_____

拓展训练　学生基础信息分析

1. 训练任务

要求： 随着科学技术的进步，学习方式更加多元化、国际化。某学校准备运用数据技术和数据模型，为实现精准学习和大规模的个性化定制学习提供依据。为了便于学校进行数据化分析，现将采集一个班级的学生姓名、性别、年龄、民族、身高、体重、户口所在地、特长等基础信息。在 Excel 中整理采集的数据，检查是否有缺失和错误的信息。然后通过可视化的方式分析全班学生的性别占比情况、年龄分布和占比情况、民族分布情况、身高和体重分布情况、户口所在地分布情况，以及特长分布情况等，最后将分析的结果编制成数据报表。

2. 训练安排

要求： 以小组为单位，每个小组合力完成数据采集、处理、分析和数据报表的编制等工作。小组分组可由学生自己组织，并按实际要求填写。

小组人数：＿＿＿＿＿＿＿人

小组组长：＿＿＿＿＿＿＿

小组成员：＿＿＿＿＿＿＿＿＿＿＿＿＿＿＿＿＿＿＿＿＿＿＿＿＿＿＿＿＿

工作分配：＿＿＿＿＿＿＿＿＿＿＿＿＿＿＿＿＿＿＿＿＿＿＿＿＿＿＿＿＿

＿＿＿＿＿＿＿＿＿＿＿＿＿＿＿＿＿＿＿＿＿＿＿＿＿＿＿＿＿＿＿＿＿＿＿

＿＿＿＿＿＿＿＿＿＿＿＿＿＿＿＿＿＿＿＿＿＿＿＿＿＿＿＿＿＿＿＿＿＿＿

3. 训练评价

序号	评分内容	总分	得分
1	能高效、准确地采集到相应的数据	15	
2	能对采集的数据进行加工处理，使数据质量得到有效保障	10	
3	能正确利用图表分析出全班学生性别占比情况	10	
4	能正确利用图表分析出全班学生年龄分布和占比情况	10	
5	能正确利用图表分析出全班学生民族分布情况	10	
6	能正确利用图表分析出全班学生身高和体重分布情况	10	
7	能正确利用图表分析出全班学生户口所在地分布情况	10	
8	能正确利用图表分析出全班学生特长分布情况	10	
9	能够编制出全面且直观的学生基础信息数据报表	15	
	总分	100	

教师评语：

模块三

03

演示文稿制作
——让演示内容形象生动

情境描述

近年来，我国经济由高速增长阶段转向高质量发展阶段，我国各类企业的战略也随之锚定了高质量发展方向，加强企业精神文明建设，树立核心价值观，构建科学管理机制，进行数字化转型。圣乐公司在每年年底都会编制年度工作计划，明确年度工作目标和具体执行计划，并由行政部制作演示文稿，向公司领导层及各部门中层领导汇报，以供研讨。要求演示文稿的内容包括年度工作计划的整体要求、工作目标和具体计划，制作的演示文稿生动、形象，便于展示和讲解。

技能目标

◎ 能够根据演示文稿主题制作纲要。

◎ 能够根据主题确认演示文稿风格，并通过模板新建演示文稿。

◎ 能够正确采集到演示文稿中需要的相关素材。

◎ 能够根据主题制作对应的演示文稿。

环境要求

◎ 硬件：计算机（除主机外，还包括鼠标、键盘、显示器等外部设备）等。

◎ 软件：Windows 10 操作系统、PowerPoint 2016、Word 2016 等。

◎ 其他：计算机可以正常访问互联网；准备演示文稿需要的图片素材和文字资料。

任务实践

模块名称：演示文稿制作		所需学时：		18	学时

任务列表		难度			学时
		低	中	高	
任务 1	编写演示文稿制作纲要	√			0.5
任务 2	规划演示文稿风格并搜索合适的模板	√			0.5
任务 3	编辑演示文稿母版		√		1
任务 4	采选和加工演示文稿素材		√		4
任务 5	组织演示文稿格式			√	1
任务 6	美化演示文稿			√	2
任务 7	设计交互式特效			√	2
任务 8	进行计时排练		√		2
任务 9	生成演示文件	√			2
任务 10	作品交流			√	3

任务准备与案例效果	
知识准备	1. 了解演示文稿纲要的结构 2. 了解选择演示文稿模板的方法 3. 能够制作演示文稿母版 4. 能够在演示文稿中插入表格、图表、图片 5. 能够在演示文稿中插入 SmartArt 图形、形状、按钮 6. 能够为演示文稿中的内容添加超链接 7. 掌握演示文稿的放映、排练计时的方法 8. 能够生成演示文件
案例效果	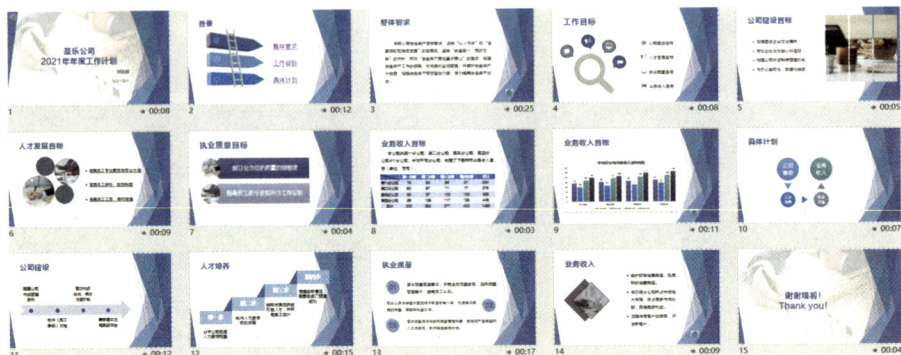

任务 1 编写演示文稿制作纲要

利用演示文稿能够将静态文件动态化、复杂问题简单化，增加观众阅读的兴趣。演示文稿也能使内容图文并茂、富有感染力，帮助观众理解内容的含义，常用于各种演讲、演示等场合。在制作演示文稿内容前，需要根据演示文稿的主题，结合实际情况制作演示文稿纲要，即制作演示文稿结构性的、主要的、核心的和实质性的内容的总结、概述，可以帮助用户厘清思路，明确演示文稿的主要内容。

> **小组交流**
> （1）小组成员就自己所了解的演示文稿相关知识展开讨论，包括使用场合、制作方法等。
> （2）根据本项目的情境要求，讨论年度工作计划纲要可以编写哪些内容。

1. 纲要结构

演示文稿纲要由题目和主要内容组成。

- 题目：纲要的题目一般就是演示文稿的题目，要能高度概括演示文稿的主要内容，使观众在看到题目的时候，就知道该演示文稿是讲什么的。例如，要求制作一个用于宣传洗面奶产品的演示文稿，那么在编写纲要时，就可以将题目定为"产品宣传——××洗面奶"。

- 主要内容：纲要的主要内容需要围绕演示文稿主题，简洁明了地罗列出演示文稿的主要内容及要表达的中心思想，为制作演示文稿提供思路，避免出现文不对题、偏离中心思想等情况。用户在编写演示文稿的纲要时，可以不拘泥于形式，灵活记录重要内容，但需保证自己能够看懂。例如，宣传洗面奶的演示文稿，其主题在于宣传产品，那么主要内容就可以是产品研发故事、产品优势、产品使用说明、产品定价、产品售卖渠道等。

> **提示**
> 若演示文稿的内容较多，还可以将演示文稿的结构安排写在纲要中，将演示文稿的材料组织顺序、重点内容、设计方式等展示出来，方便后期制作演示文稿。

2. 编写演示文稿纲要的流程

编写演示文稿纲要时，要注意把握演示文稿的主题，并按照以下步骤来进行，如图 3-1 所示。

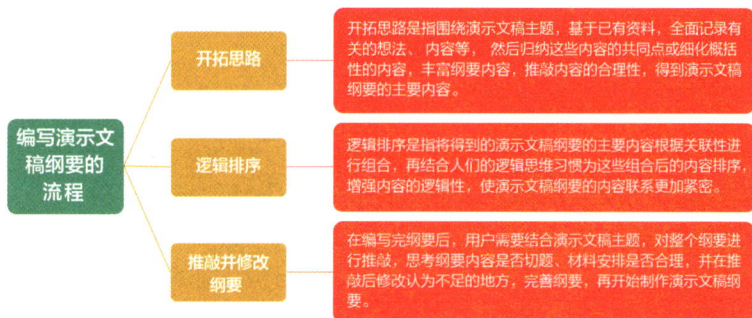

编写演示文稿纲要的流程

开拓思路　开拓思路是指围绕演示文稿主题，基于已有资料，全面记录有关的想法、内容等，然后归纳这些内容的共同点或细化概括性的内容，丰富纲要内容，推敲内容的合理性，得到演示文稿纲要的主要内容。

逻辑排序　逻辑排序是指将得到的演示文稿纲要的主要内容根据关联性进行组合，再结合人们的逻辑思维习惯为这些组合后的内容排序，增强内容的逻辑性，使演示文稿纲要的内容联系更加紧密。

推敲并修改纲要　在编写完纲要后，用户需要结合演示文稿主题，对整个纲要进行推敲，思考纲要内容是否切题、材料安排是否合理，并在推敲后修改认为不足的地方，完善纲要，再开始制作演示文稿纲要。

图 3-1　编写演示文稿纲要的流程

3. 制作演示文稿纲要

制作演示文稿纲要时，可以使用 Word 或计算机自带的记事本，也可以直接将纲要内容用笔书写在纸上。下面将直接在 Word 2016 中制作年度工作计划的演示文稿纲要。具体操作如下。

步骤 1　确定演示文稿纲要的主要内容。 年度工作计划演示文稿围绕"工作计划"这个主题展开，由于需要制作的是 2021 年的工作计划，因此纲要的题目可以定为"圣乐公司 2021 年年度工作计划"。根据情境描述可知，演示文稿应包含整体要求、工作目标和具体计划 3 部分。其中，工作目标可以分为公司建设目标、人才发展目标、执业质量目标和业务收入目标 4 部分；具体计划则需根据工作目标制订，可分为公司建设、人才培养、执业质量和业务收入 4 部分。

步骤 2　突出纲要内容的层次。 为方便后期制作演示文稿时更好地理解纲要内容的层次，可以为纲要内容设置不同的级别。在 Word 2016 中，可直接单击【视图】/【视图】组中的"大纲"按钮□，进入大纲视图。在【大纲】/【大纲工具】组中的"显示级别"下拉列表框中设置文本内容的级别。完成后的效果如图 3-2 所示（配套资源:效果＼模块三＼纲要 .docx）。

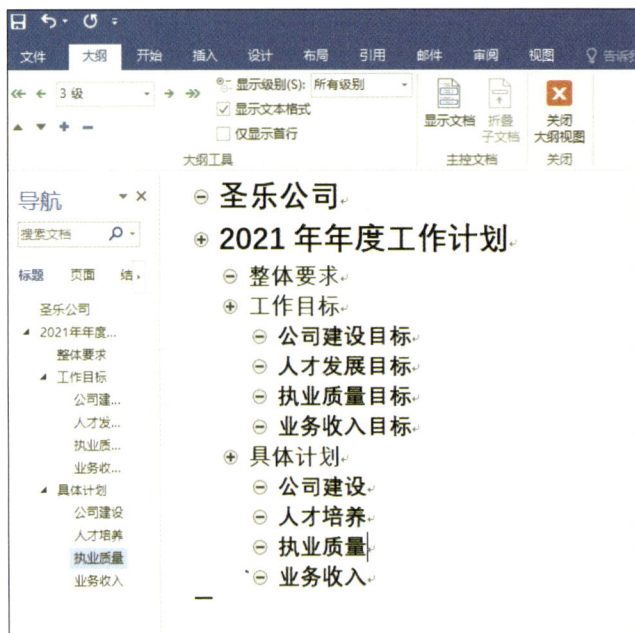

图 3-2　完成级别设置后的效果

提示　　将纲要内容记录到记事本中时，可以通过在文本前方预留空白或为文本编号的方式，突出纲要内容的层次。

小组交流　　（1）根据自己的理解，制作"年度工作计划"演示文稿的纲要。
（2）小组成员之间互相点评对方制作的纲要。

任务 2 规划演示文稿风格并搜索合适的模板

当有了演示文稿纲要后，就需要整体规划演示文稿，包括确认演示文稿的风格、搜索合适的模板等。

1. 规划演示文稿风格

演示文稿的风格由演示文稿主题决定，用户可以先分析演示文稿主题所属类别，如商务类、教育类、公益类、政务类等，从版式布局、配色、文字、素材等方面综合考虑要制作的演示文稿的风格。

（1）版式布局

在进行版式布局时，用户需要考虑 3 点，如图 3-3 所示。

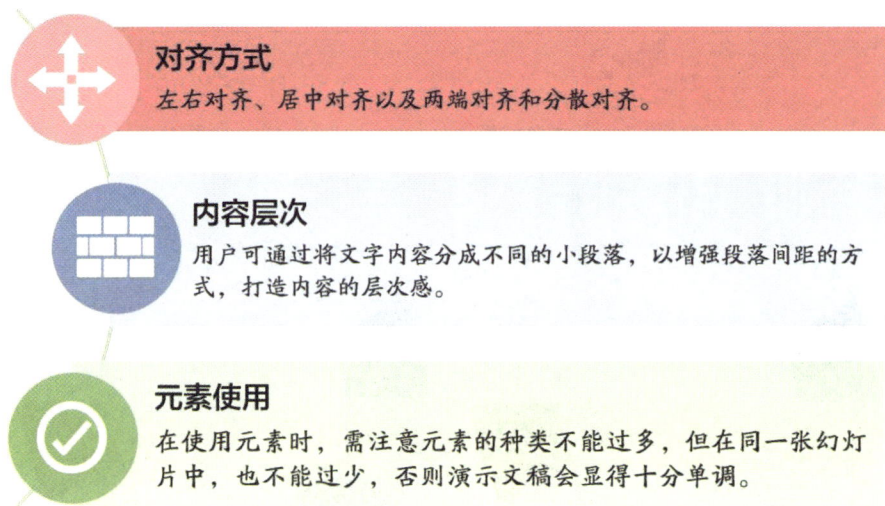

对齐方式
左右对齐、居中对齐以及两端对齐和分散对齐。

内容层次
用户可通过将文字内容分成不同的小段落，以增强段落间距的方式，打造内容的层次感。

元素使用
在使用元素时，需注意元素的种类不能过多，但在同一张幻灯片中，也不能过少，否则演示文稿会显得十分单调。

图 3-3 版式布局注意要点

提示 在进行版式布局时，还需要注意给幻灯片留白，适当的留白能够增加幻灯片的可读性和观众的想象空间。

（2）配色

在众多平面设计中，配色直接影响作品的品质，这在演示文稿中也同样适用。因此，在确定演示文稿风格时，还需要确定演示文稿的配色。一般来说，演示文稿应选择同一色系的颜色，建议不超过 3 种。较为常见且实用的配色方案有以下 4 种。

- 单色搭配：单色搭配是指使用一系列色相相同、饱和度和明度不同的颜色搭配，是一种相对安全、和谐的配色方法，可以使页面看起来更加简洁，制作时也比较省时省力，如图 3-4 所示。
- 相似色搭配：相似色搭配是指使用色相环中相邻或相近的两个或两个以上的颜色

搭配，颜色间的差异较小，不容易产生呆滞感，如图 3-5 所示。

- 互补色搭配：互补色搭配是指使用色相环上相对的两种色彩搭配，能够在色差上形成强烈对比，吸引观众注意力。在使用互补色搭配时需要分清主次，在颜色的比例和分量上要有区分，将一种颜色作为主要颜色，另一种颜色用于强调，如图 3-6 所示。
- 双互补色搭配：双互补色搭配是指使用两个相邻色和它们的互补色搭配。在选择颜色时，不要选择明度太高的颜色，如图 3-7 所示。

图 3-4　单色搭配　　　　　　　　　　图 3-5　相似色搭配

图 3-6　互补色搭配　　　　　　　　　图 3-7　双互补色搭配

资源链接

　　色相、明度、饱和度是人眼视觉所能感知的所有色彩现象的 3 个重要特征，是构成色彩的基本要素。色相环由 12 种鲜明的颜色组成，方便用户为设计的演示文稿等挑选配色。通过配套资源提供的"电子活页"文档内容，可详细了解相关内容。

电子活页

色相、明度和饱和度

（3）文字

　　演示文稿中的文字可以帮助用户将信息更好地传达给观众，帮助观众更好地理解演示文稿的意思。在确定演示文稿风格时，用户也需要根据版式布局，选择合适的字体、字号，以及文字设计方式。

- 字体：演示文稿应选择易识别的字体。一般来说，演示文稿中的标题可以选择思源黑体、方正兰亭特黑等更有力量、粗犷的字体；而正文则可选择方正兰亭黑简体、方正兰亭纤黑简体等简洁、有气质、纤细、易识别的字体。

> **提示**　在选择字体时，应以标题鲜明、正文易读为基准，对于一些需要强调的重点内容，可以选择字线较粗的字体，也可以加粗文字或更改字体颜色，以吸引观众的注意力。

- 字号：选择演示文稿的字号时，根据实际使用情况来决定。一般来说，可以通过将演示文稿中的幻灯片缩小到 66%，或站在演示厅最后一排的方式，确认观众是否能看清文字，如果可以看清，该字号就比较合适。
- 文字设计方式：利用简单的线条、图片、文字效果等方式，使文字展现出更加震撼的效果。其中，线条可用于划分文字层次、吸引观众注意力以及平衡版面等；图片可以结合文字效果和属性，增强文字的冲击力；文字效果则可以增强文字的表现力，吸引观众注意力。

> **提示**　为优化演示文稿的版面，还应提炼演示文稿中文字内容的重点，精炼文字，并通过增大字号、改变颜色、添加边框等方法，强调重点内容，从而使观众更容易获取演示文稿所表达的信息要点，而不需要二次分析理解。

（4）素材

在确认好演示文稿的版式布局、配色、文字后，还需要根据演示文稿的主题，选择合适的素材。图 3-8 所示为不同素材的选择方式。

表格能够简明扼要地展示出与演示文稿主题有关的数据，丰富演示文稿的内容。

图表可以将数据以各种精致的图形展示给观众，能够提高演示文稿内容质量，丰富版面。

利用形状可以在演示文稿中编辑多种多样的图标，丰富版面内容的同时，划分页面布局空间。

图片不仅能提升观众观看演示文稿的欲望，也能聚焦内容、引导视线、渲染气氛，帮助观众更好地理解演示文稿的内容。

图 3-8　不同素材的选择方式

> 🎧 **提示**　当一张幻灯片中有多张图片时，可以使用对齐并均衡分布排列、色块平衡的方法，确保幻灯片的中心稳定，平衡幻灯片的对象。当一张幻灯片中需要图文混排时，可采用以局部图片表现整体、利用图片引导内容的方法，使观众的注意力集中到文字内容上。

2．搜索合适的演示文稿模板

规划好演示文稿的风格后，用户可以直接在 PowerPoint 2016 中搜索合适的模板，也可以在浏览器中搜索、浏览、下载合适的模板，在模板的基础上制作演示文稿。

> 微课视频
>
> 搜索合适的演示文稿模板

下面将在 PowerPoint 2016 中搜索"商务"文本，选择"销售策略演示文稿，平面主题（宽屏）"模板。具体操作如下。

步骤 1　搜索"商务"文本。 启动 PowerPoint 2016，选择左侧的"新建"选项，在"搜索联机模板和主题"文本框中输入"商务"文本，单击右侧"搜索"按钮 🔍，搜索结果将展示在右侧"新建"界面中，如图 3-9 所示。

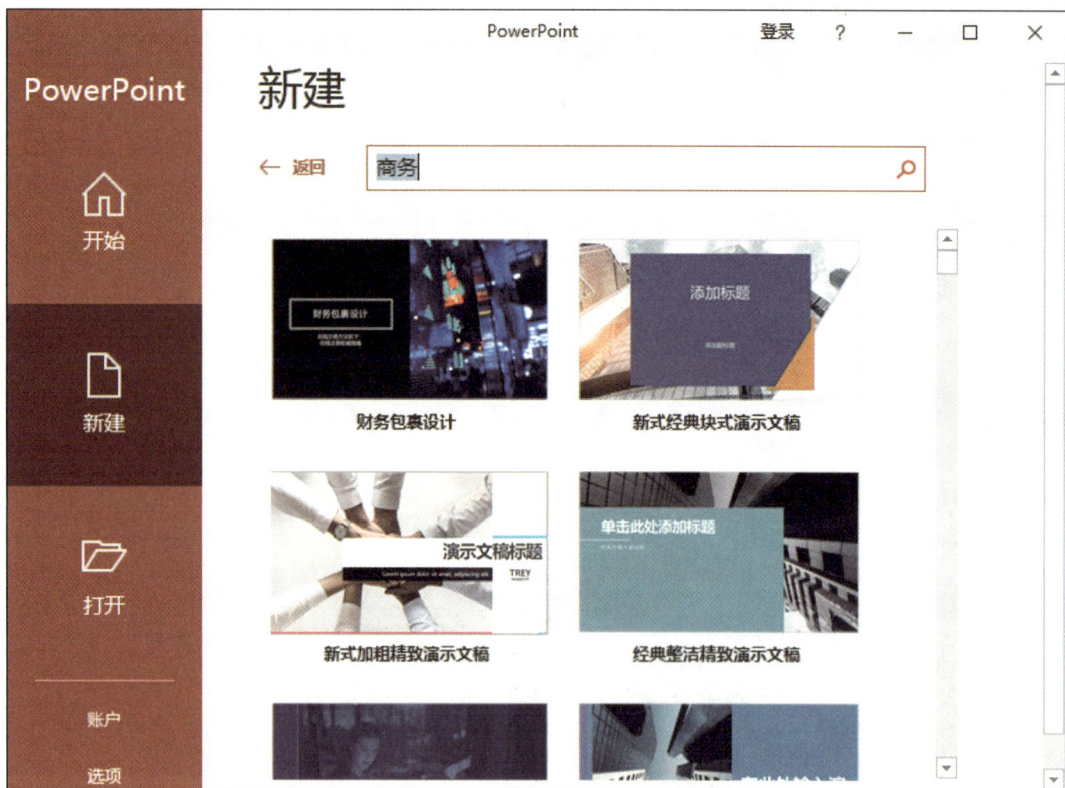

图 3-9　搜索"商务"文本结果

步骤 2　新建并保存演示文稿。 选择"新建"界面中的"销售策略演示文稿，平面主题（宽屏）"选项，在打开的对话框中单击"创建"按钮，将下载该模板并创建相应的演示文稿，如图 3-10 所示。按【Ctrl+S】组合键，打开"另存为"对话框，选择相应的保存路径，将演示文稿保存为"年度工作计划 .pptx"。

图 3-10 单击"创建"按钮

提示

在浏览器中搜索演示文稿模板时，可选择专业的演示文稿模板网站和演示文稿主题，搜索相关关键词，选择合适的模板并将其下载到计算机中，然后更改模板中的文字、图片、表格等，即可制作演示文稿。

小组交流

（1）根据上述内容，规划要制作的"年度工作计划"演示文稿的风格。
（2）根据规划，在 PowerPoint 2016 或浏览器中搜索合适的演示文稿模板。

课堂笔记

任务 **3** 编辑演示文稿母版

虽然 PowerPoint 2016 自带许多类型的演示文稿模板，但在运用过程中，这些模板可能无法满足实际需求。此时，可以通过幻灯片母版快速更改演示文稿效果，包括文字格式、段落格式、背景效果、配色方案、页眉和页脚、动画及其他内容等。具体操作如下。

> 微课视频
> 编辑演示文稿母版

步骤1　进入幻灯片母版视图。 在【视图】/【母版视图】组中单击"幻灯片母版"按钮，进入幻灯片母版视图。

步骤2　更改配色方案。 单击【幻灯片母版】/【背景】组中的"颜色"按钮，在打开的下拉列表中选择"蓝色暖调"选项，更改演示文稿的配色方案，如图 3-11 所示。

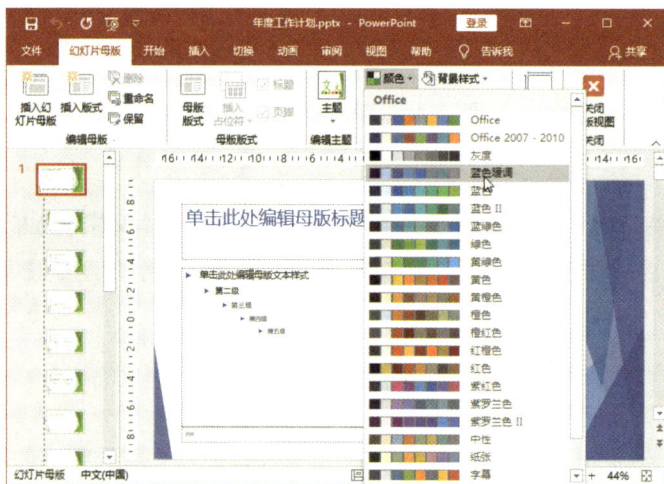

图 3-11　更改配色方案

步骤3　设置标题格式。 选择"平面 幻灯片母版"幻灯片中的标题占位符，单击【开始】/【字体】组右下方的"对话框启动器"按钮，打开"字体"对话框，在"西文字体"下拉列表框和"中文字体"下拉列表框中均选择"方正兰亭粗黑简体"选项，在"大小"数值框中输入"48"，单击 确定 按钮，设置标题占位符文字格式，如图 3-12 所示。

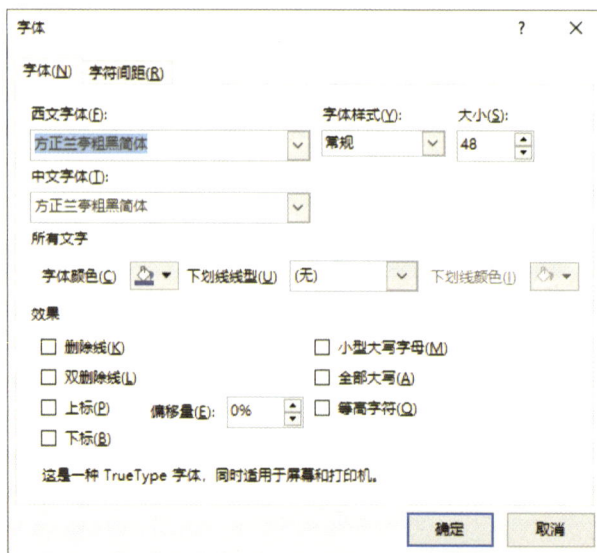

图 3-12　设置标题占位符文字格式

> **提示**
>
> 幻灯片母版视图左侧幻灯片窗格中的第 1 张幻灯片为母版版式，即步骤中的"平面 幻灯片母版"幻灯片，该版式一旦发生改变，就会影响演示文稿中的所有幻灯片，而幻灯片母版视图中的其他版式只影响使用该版式的幻灯片。所以，在设计幻灯片母版时，一般先设计母版版式，再根据需要设计其他版式。

步骤 4　更改正文文字格式。 使用相同的方法设置正文占位符的字体为"方正兰亭黑简体"，选择正文占位符中的第一段文本，在【开始】/【字体】组中设置字号为"24"。

步骤 5　更改正文段落格式。 选择正文占位符，单击【开始】/【段落】组中的"对话框启动器"按钮，打开"段落"对话框，在"特殊格式"下拉列表框中选择"首行缩进"选项，在"度量值"数值框中输入"1.4 厘米"，在"行距"下拉列表框中选择"1.5 倍行距"选项，单击 确定 按钮，如图 3-13 所示。

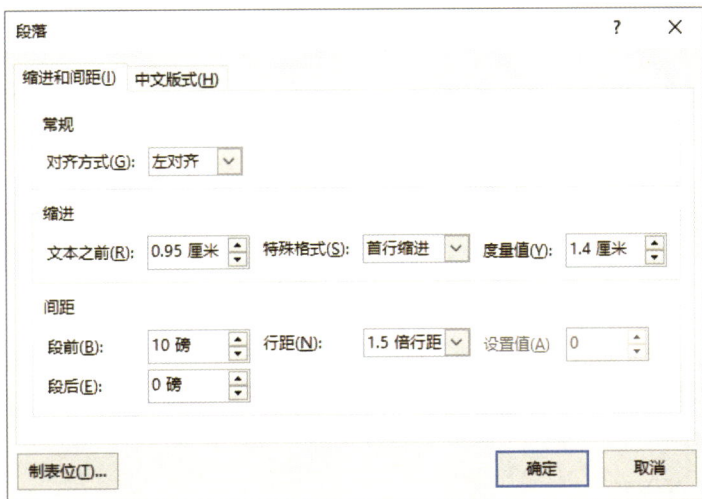

图 3-13　更改正文段落格式

步骤 6　取消正文占位符项目符号。 单击【开始】/【段落】组中的"项目符号"按钮，取消模板中自带的正文占位符项目符号。完成后的效果如图 3-14 所示。

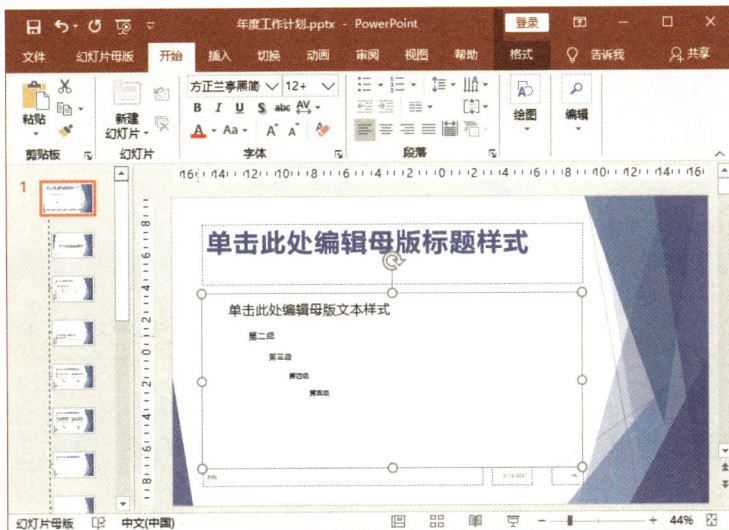

图 3-14　取消正文占位符项目符号后的效果

步骤 7　设置其他幻灯片版式的格式。选择"标题和内容 版式"幻灯片，选择标题占位符，更改字号为"44"。选择"节标题 版式"幻灯片，选择标题占位符，更改字号为"48"，选择副标题占位符，更改字号为"24"，如图 3-15 所示。

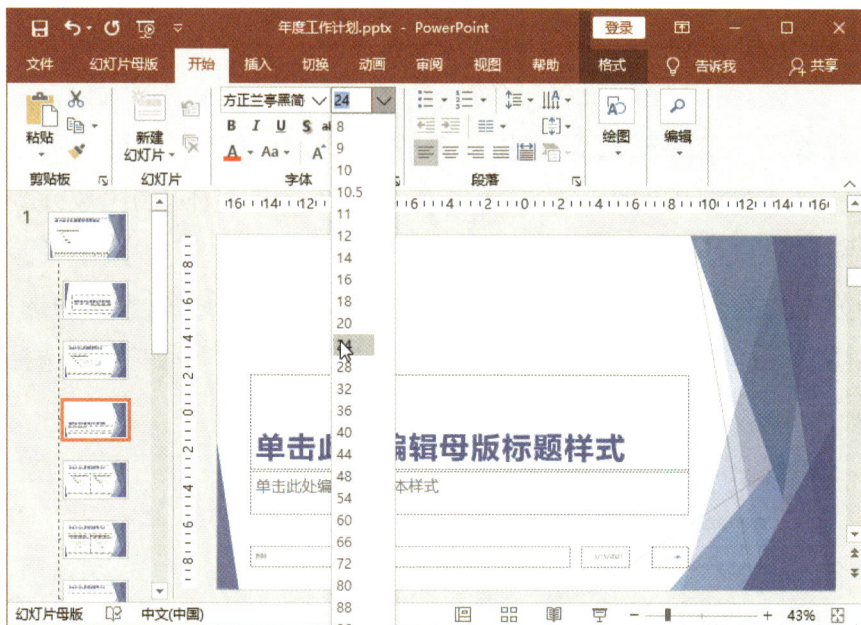

图 3-15　更改副标题版式格式

步骤 8　设置页眉和页脚。单击【插入】/【文本】组中的"页眉和页脚"按钮，打开"页眉和页脚"对话框，依次勾选"幻灯片编号"和"标题幻灯片中不显示"复选框，单击 全部应用(Y) 按钮，如图 3-16 所示。

图 3-16　设置页眉和页脚

步骤 9　设置页码格式。选择"平面 幻灯片母版"幻灯片，单击【幻灯片母版】/【母版版式】组中的"母版版式"按钮，打开"母版版式"对话框，取消勾选"日期""页

脚"复选框，单击 确定 按钮。拖曳页码占位符至文本框下方中间位置。在【开始】/
【字体】组中设置文本字体为"方正兰亭黑简体"、对齐方式为"居中"。完成后的效果如
图 3-17 所示。

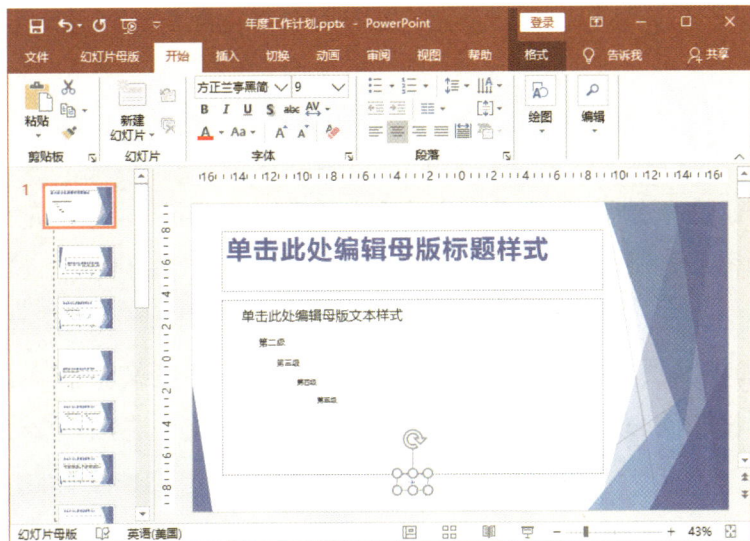

图 3-17 页码格式设置完成后的效果

步骤 10 应用母版样式。 单击【幻灯片母版】/【关闭】组中的"关闭母版视图"按
钮⊠，返回普通视图，按【Ctrl+A】组合键选择所有幻灯片，单击鼠标右键，在弹出的快
捷菜单中选择"重设幻灯片"命令，幻灯片将应用母版样式，如图 3-18 所示。

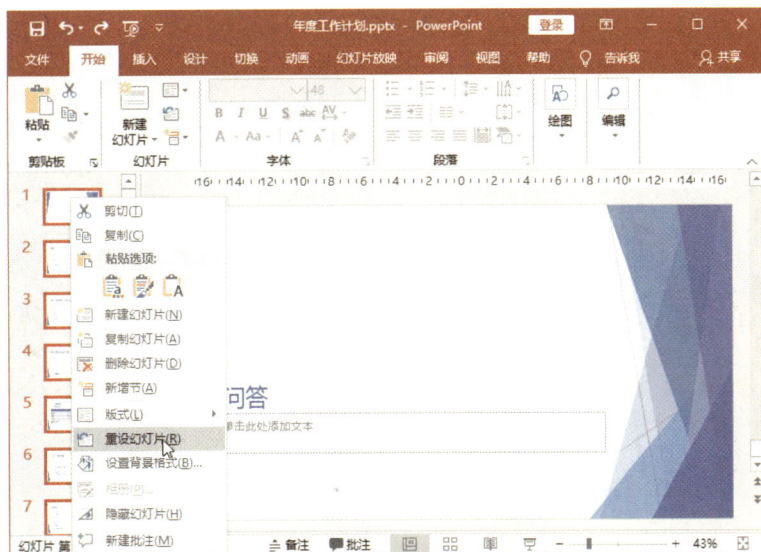

图 3-18 应用母版样式

小组交流 更改演示文稿的母版样式，并将其应用到演示文稿中。小组内成员互相查看其他人制作的演示文稿母版样式，评价其优缺点。

任务 4　采选和加工演示文稿素材

编辑好演示文稿母版后，就可以根据演示文稿纲要，在幻灯片中添加文字内容、插入图表和表格、插入图片和音频等，丰富演示文稿内容。下面将继续加工"年度工作计划.pptx"演示文稿。

1. 添加并编辑文字

文字内容是演示文稿的重要组成部分。在制作演示文稿时，应当先在演示文稿中添加文字内容，再根据后期添加的其他元素，调整文字的版式、位置等。下面将根据"纲要.docx"文档，为演示文稿添加内容。具体操作如下。

步骤 1　添加封面页文字内容。 选择第 1 张幻灯片，将文本插入点定位到标题占位符中，按【Delete】键删除原有文本内容，再输入"圣乐公司"，按【Enter】键换行，继续输入"2021 年年度工作计划"。将文本插入点定位到副标题占位符中，删除原有文本内容，再输入"行政部"和"2021/2/1"，选择副标题占位符，在【开始】/【字体】组中设置字号为"24"，选择"行政部"文本，单击"加粗"按钮 B，将其加粗显示。完成后的效果如图 3-19 所示。

图 3-19　添加封面页文字内容后的效果

步骤 2　添加目录页文字内容。 在"幻灯片"浏览窗格中，选择第 2 张幻灯片，在标题占位符中输入"目录"，在正文占位符中依次输入"整体要求""工作目标""具体计划"。完成后的效果如图 3-20 所示。

步骤 3　继续添加文字内容。 在"幻灯片"浏览窗格中，依次选择第 3 张、第 4 张幻灯片并添加文字内容。选择第 5 张幻灯片，将其移动到第 8 张幻灯片之后，再依次选择第 5 张～第 8 张幻灯片，依次添加文字内容。完成后的效果如图 3-21 所示。

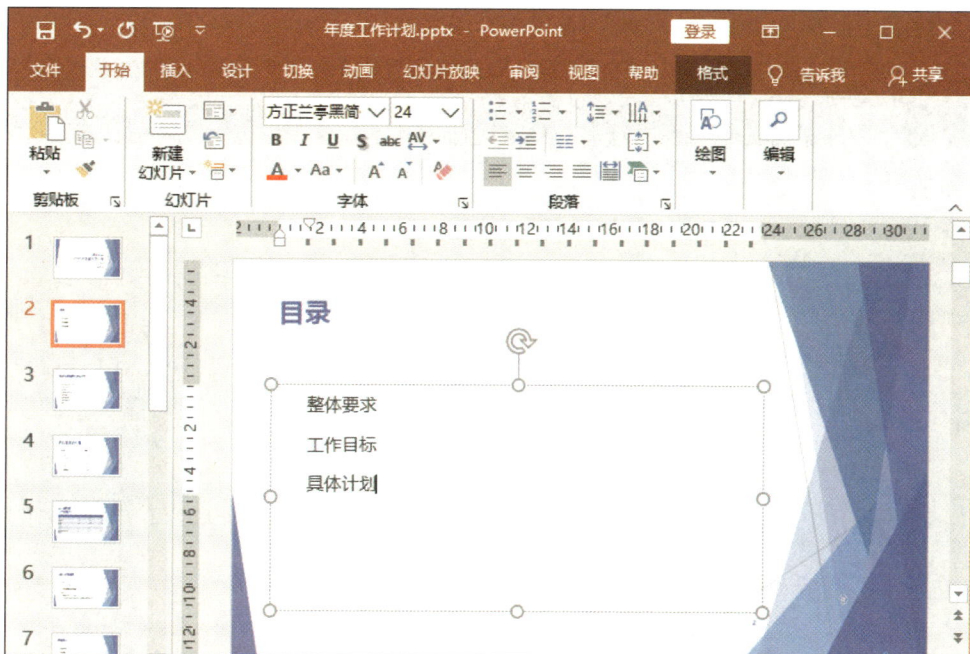

图 3-20　添加目录页文字内容后的效果

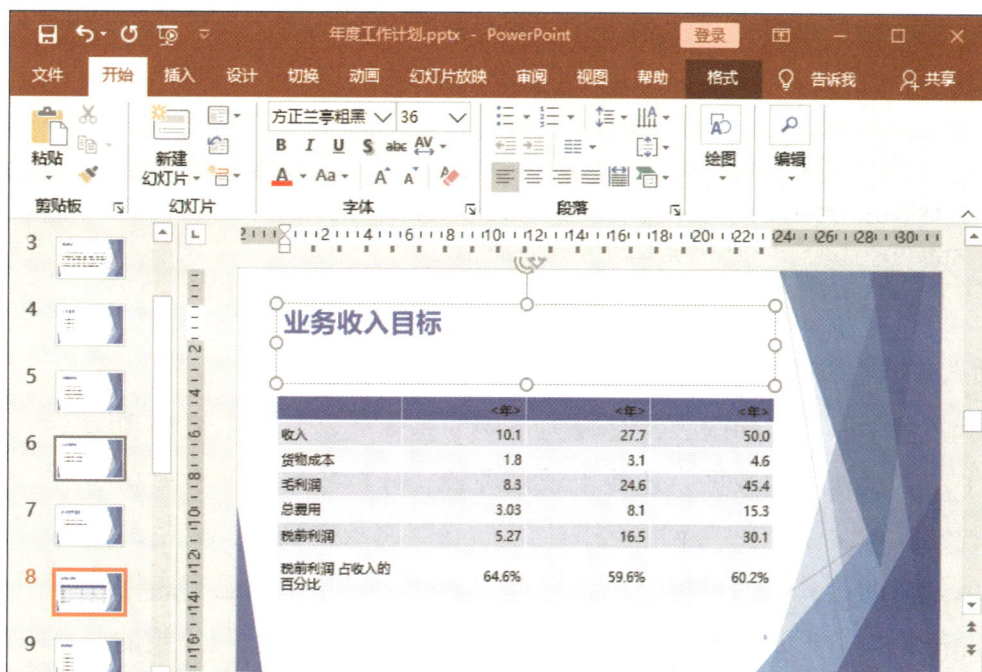

图 3-21　前 8 张幻灯片文字内容添加完成后的效果

步骤 4　添加剩余部分文字内容。依次选择第 9 张～第 11 张幻灯片，添加文字内容。选择第 11 张幻灯片中的正文占位符,设置字体为"方正兰亭黑简体"。依次选择第 12 张～第 14 张幻灯片，添加文字内容。选择第 15 张幻灯片，单击鼠标右键，在弹出的快捷菜单中选择"删除幻灯片"命令，删除该幻灯片。

步骤 5　添加结束页文字内容。在"幻灯片"浏览窗格中选择最后一张幻灯片，单击

【开始】/【幻灯片】组中的"幻灯片版式"按钮 ⊞，在打开的下拉列表中选择"节标题"选项，在标题占位符中依次输入"谢谢观看！"和"Thank you！"，设置对齐方式为"居中"，删除副标题占位符。完成后的效果如图 3-22 所示。

图 3-22　添加结束页文字的效果

> **资源链接**
>
> 如果是根据已有 Word 文档新建演示文稿，那么可以直接为文档设置大纲级别，再通过"幻灯片（从大纲）"选项，直接新建幻灯片。具体方法可参见配套资源提供的"电子活页"文档的内容。
>
> **电子活页**　根据大纲生成幻灯片

2. 插入并编辑表格和图表

在演示文稿中，表格和图表都是较为常用的基本元素。运用表格和图表不仅能够生动直观地展示数据，还便于观众理解、分析数据，甚至提高演示文稿的美观性和可读性。在"年度工作计划 .pptx"演示文稿中，表格和图表可用于展示公司的业务收入目标。由于选择的 PowerPoint 模板已有表格，因此直接更改表格样式即可。若想插入表格，可单击【插入】/【表格】组的"表格"按钮 ⊞，在打开的下拉列表中选择"插入表格"选项，打开"插入表格"对话框，直接设置表格的行和列。下面将更改第 8 张幻灯片中的表格样式，并插入文本框，然后在第 9 张幻灯片中插入并编辑图表。具体操作如下。

> **微课视频**　插入并编辑表格和图表

步骤 1　更改已有表格样式。 在第 8 张幻灯片中选择表格，将文本插入点定位到最后一排表格中，单击【表格工具 - 布局】/【行和列】组中的"删除"按钮 ⊠，在打开的下拉列表中选择"删除行"选项，如图 3-23 所示。将文本插入点定位到表格任意位置，单击两次"在左侧插入"按钮，将原有表格更改为 6×6 的表格。

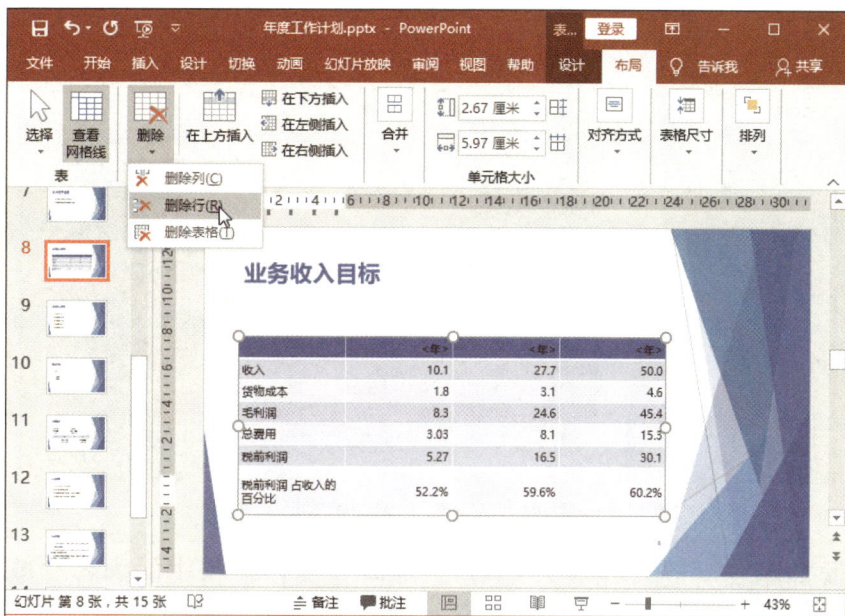

图 3-23 删除行

步骤 2 添加表格内容并设置格式。 在表格中添加相关内容后，选择整个表格，在【开始】/【字体】组中设置"字体"为"方正兰亭黑简体"、"字号"为"20"、"对齐方式"为"居中"。完成后的效果如图 3-24 所示。

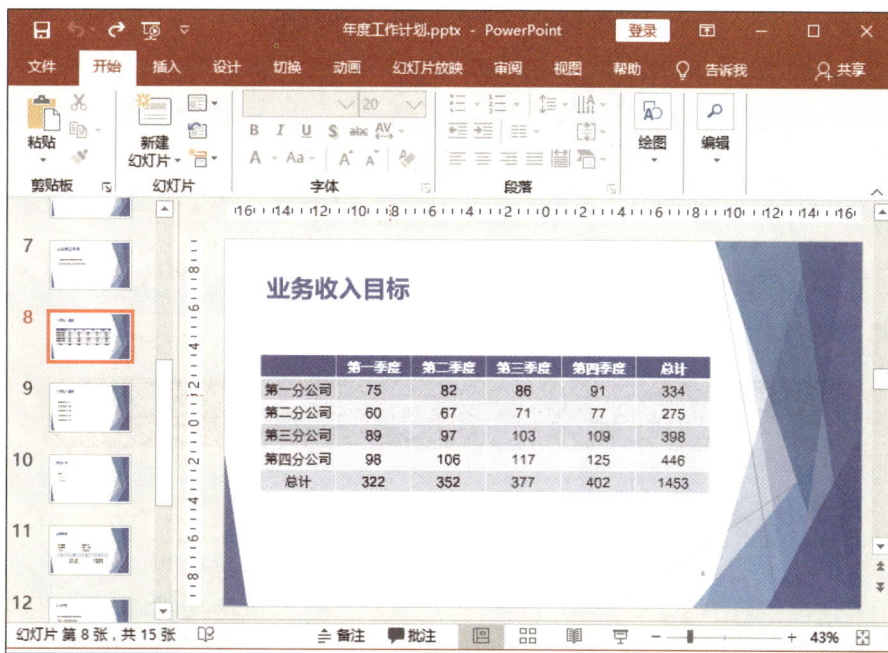

图 3-24 添加表格内容并设置格式后的效果

步骤 3 添加文本框并设置格式。 选择表格，将其下移到合适位置，单击【插入】/【文本】组中的"文本框"按钮，在打开的下拉列表中选择"绘制横排文本框"选项，在表格上方绘制文本框，输入文本内容，设置字体为"方正兰亭黑简体"、字号为"24"、行距为"1.5"、首行缩进为"1.4 厘米"。完成后的效果如图 3-25 所示。

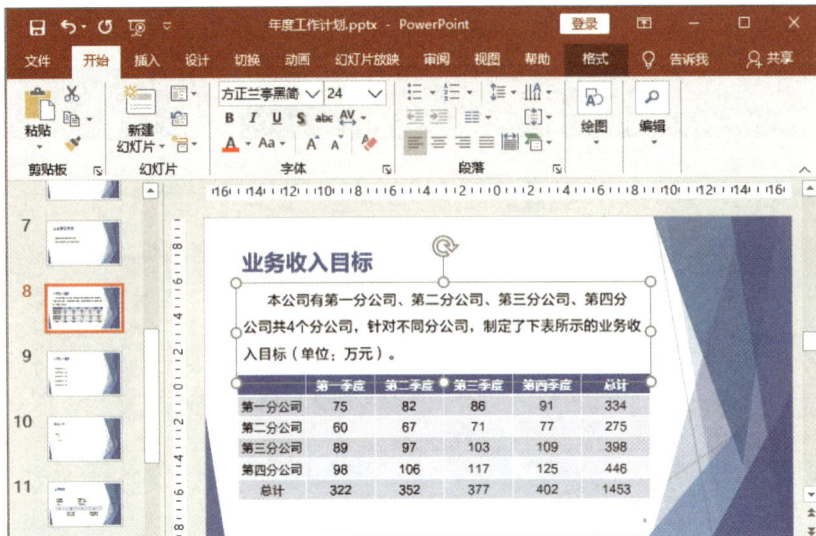

图 3-25 添加文本框并设置格式后的效果

步骤 4 添加图表。 选择第 9 张幻灯片,删除正文占位符中的内容。单击【插入】/【插图】组中的"图表"按钮，打开"插入图表"对话框,选择默认的簇状柱形图,单击 确定 按钮,PowerPoint 2016 将自动打开 Excel 界面。在表格的第一行填写分公司名称,A 列填写季度名称,在表格区域内填写对应数据,如图 3-26 所示。填写完毕后单击右上角的 按钮关闭 Excel 界面。

图 3-26 填写表格

步骤 5 设置图表格式。 更改图表标题为"不同分公司业务收入目标对比",设置字号为"24",并加粗显示。完成后的效果如图 3-27 所示。

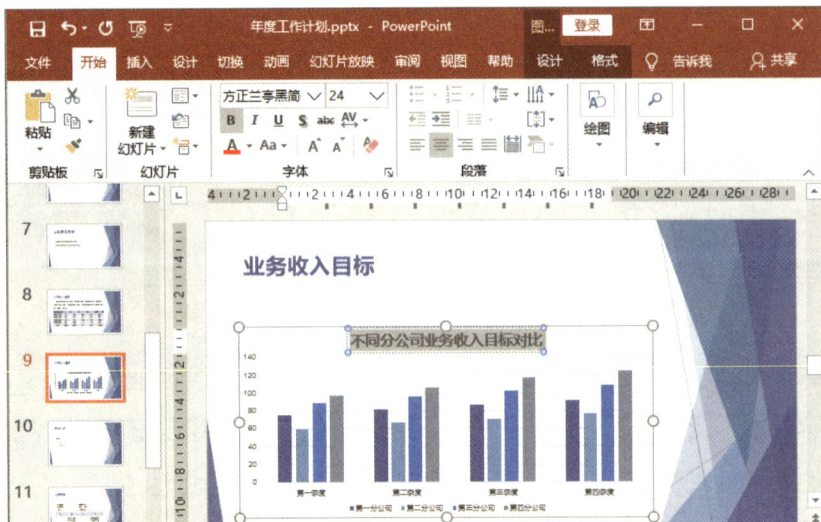

图 3-27 设置图表格式后的效果

3. 插入并编辑图片

下面将分别在"年度工作计划 .pptx"演示文稿的第 5、4、6、14 张幻灯片中插入并编辑图片。具体操作如下。

步骤1 在第 5 张幻灯片中插入图片。 在"幻灯片"浏览窗格中选择第 5 张幻灯片,单击【插入】/【图像】组中的"图片"按钮，打开"插入图片"对话框,选择"2.png"图片素材(配套资源:素材 \ 模块三 \2.png),单击 插入(S) 按钮,如图 3-28 所示。移动图片到幻灯片右侧,并与标题占位符顶端对齐。

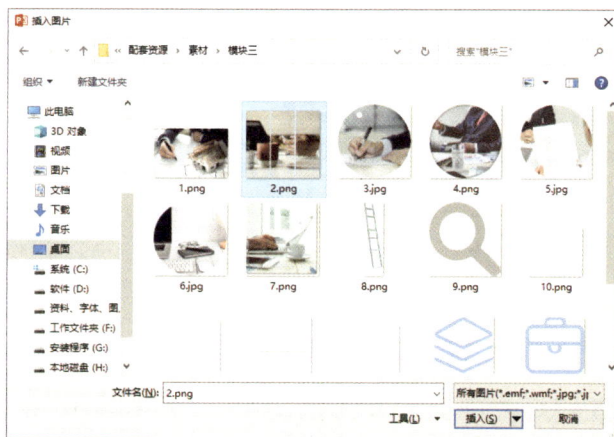

图 3-28　插入图片

步骤2 在第 4 张幻灯片中插入图片。 选择第 4 张幻灯片,移动正文占位符到幻灯片右侧,插入"10.png""11.png""12.png""13.png"图片素材(配套资源:素材 \ 模块三 \10. png、11.png、12.png、13.png)。

步骤3 设置图片样式。 选择"10.png"图片素材,在【格式】/【调整】组中单击"颜色"按钮，在打开的下拉列表中选择"蓝 - 灰,个性色 4,深色"选项,单击"更正"按钮，在打开的下拉列表中选择"亮度:-20%,对比度:-20%"选项。使用相同的方法为"12. png"图片素材设置相同的调整效果。设置"11.png"和"13.png"图片素材的颜色分别为"蓝色,个性色 3,深色"和"更正"为"亮度:-40% 对比度:+40%"。选择正文占位符,更改行间距为"2.5",调整图片的位置。完成后的效果如图 3-29 所示。

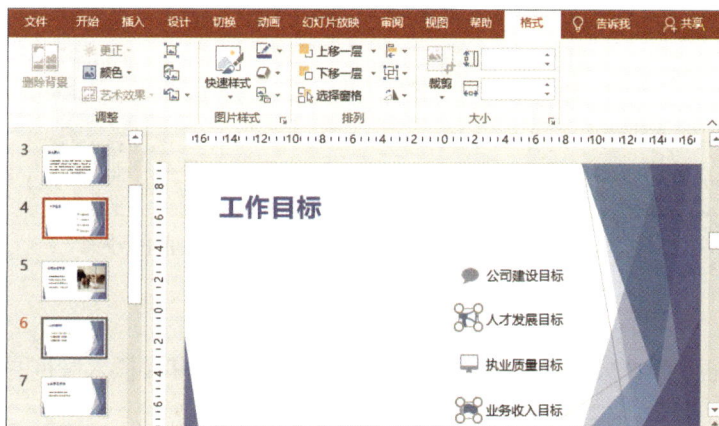

图 3-29　设置图片样式后的效果

步骤 4　在第 6 张幻灯片中插入并编辑图片。 选择第 6 张幻灯片，选择正文占位符，将其水平移动到幻灯片右侧，插入"3.jpg""4.png"图片素材（配套资源：素材＼模块三＼3.jpg、4.png）。按住【Shift】键的同时选择两张图片，向上拖曳鼠标指针缩小图片、移动图片的位置。完成后的效果如图 3-30 所示。

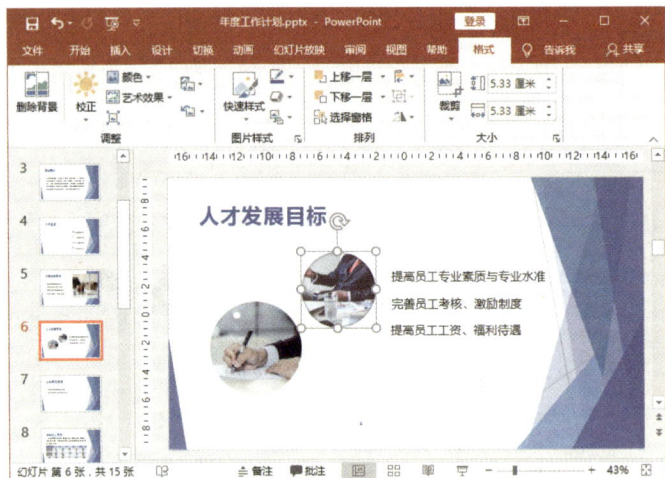

图 3-30　在第 6 张幻灯片中插入并编辑图片后的效果

步骤 5　在第 14 张幻灯片中插入并编辑图片。 选择第 14 张幻灯片，调整正文占位符的形状和位置，插入"7.png"图片素材（配套资源：素材＼模块三＼7.png）。单击【格式】/【大小】组中的"裁剪"按钮，在打开的下拉列表中选择"按形状裁剪"选项，在打开的子列表中选择"基本形状"栏中的"菱形"选项，将图片裁剪为菱形。然后单击【格式】/【图片样式】组中的"图片边框"按钮，设置"图片边框"为"灰色 50%，个性色 6，深色 50%"，设置"颜色"为"重新着色"栏的"深紫，文本颜色 2 深色"。完成后的效果如图 3-31 所示。

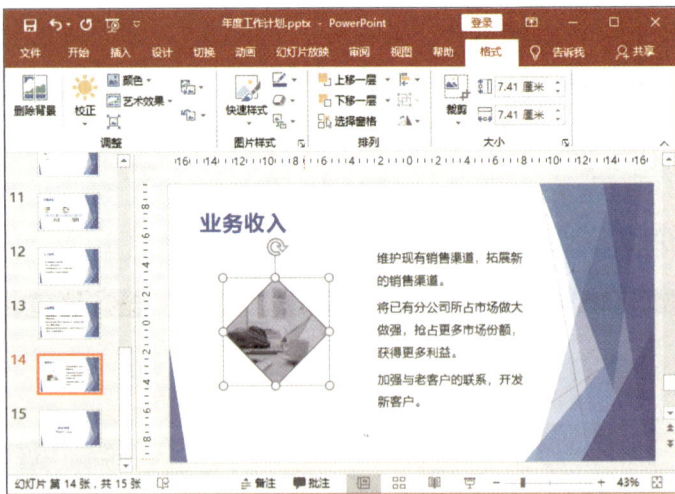

图 3-31　在第 14 张幻灯片中插入并编辑图片后的效果

资源链接　除了插入计算机中已有的图片外，用户还可以根据需要插入联机图片。具体方法可参见配套资源提供的"电子活页"文档的内容。

电子活页

插入联机图片

4. 插入并编辑音频

下面将在"年度工作计划 .pptx"演示文稿的第 1 张幻灯片中插入并编辑音频。具体操作如下。

步骤 1　插入音频。 在"幻灯片"浏览窗格中选择第 1 张幻灯片，单击【插入】/【媒体】组中的"音频"按钮，在打开的下拉列表中选择"PC 上的音频"选项，打开"插入音频"对话框，选择"背景音乐 .mp3"音频素材（配套资源：素材 \ 模块三 \ 背景音乐 .mp3），单击 **插入(S)** 按钮，如图 3-32 所示。

图 3-32　插入音频

步骤 2　播放设置。 将音频图标拖曳至合适的位置后，在【音频工具 - 播放】/【音频选项】组中的"开始"下拉列表框中选择"自动"选项，勾选"跨幻灯片播放"和"循环播放，直到停止"复选框，设置音频文件的播放效果，如图 3-33 所示。

图 3-33　播放设置

> **提示**
>
> 在 PowerPoint 2016 中，除可以插入个人计算机（Personal Computer，PC）上的音频文件外，还可以根据实际情况直接录制音频，其方法为：单击【插入】/【媒体】组中的"音频"按钮，在打开的下拉列表中选择"录制音频"选项，打开"录制声音"对话框，单击红色按钮 后即可直接录制音频。此外，用户还可根据实际需要，选择插入联机视频或 PC 上的视频。

> **小组交流**
>
> （1）按照所写纲要添加相应文本内容，并在合适的位置插入图片、表格和图表、音频、视频等内容。
>
> （2）将制作好的演示文稿交由小组内的成员互相点评，并根据点评优化演示文稿内容。

任务 5 组织演示文稿格式

在添加图片素材后，一些内容的格式发生了变化，需要再次调整。下面将继续在"年度工作计划 .pptx"演示文稿中组织演示文稿的格式。具体操作如下。

微课视频

组织演示文稿
文字内容

步骤 1　设置第 1 张幻灯片格式。 在"幻灯片"浏览窗格中选择第 1 张幻灯片，选择标题占位符，单击【开始】/【段落】组中的"居中"按钮 ≡，使其居中对齐。

步骤 2　设置第 3 张幻灯片格式。 选择第 3 张幻灯片，选择正文占位符，单击【开始】/【段落】组右下角的"对话框启动器"按钮 ⌐，打开"段落"对话框，设置"特殊"为"首行"、"度量值"为"1.8 厘米"，单击 确定 按钮。完成后的效果如图 3-34 所示。

图 3-34　设置第 3 张幻灯片格式后的效果

步骤 3　设置第 5 张幻灯片格式。 选择第 5 张幻灯片，选择正文占位符，单击【开始】/【段落】组中的"项目符号"按钮 ≔ 右侧的下拉按钮，在打开的下拉列表中选择"项目符号和编号"选项，打开"项目符号和编号"对话框，单击 自定义(U) 按钮，在"子集"下拉列表框中选择"其他符号"选项，选择"实心星"符号，单击 确定 按钮，如图 3-35 所示。继续单击 确定 按钮，项目符号将插入正文占位符中。完成后的效果如图 3-36 所示。

图 3-35　选择符号

图 3-36　设置第 5 张幻灯片格式后的效果

步骤4 设置第6张幻灯片格式。 选择第6张幻灯片的正文占位符，设置项目符号为"黑色圆"，单击【开始】/【字体】组中的"下画线"按钮⊍，为文本添加下画线，单击【开始】/【段落】组中的"行距"按钮，在打开的下拉列表中选择"2.5"选项。完成后的效果如图3-37所示。

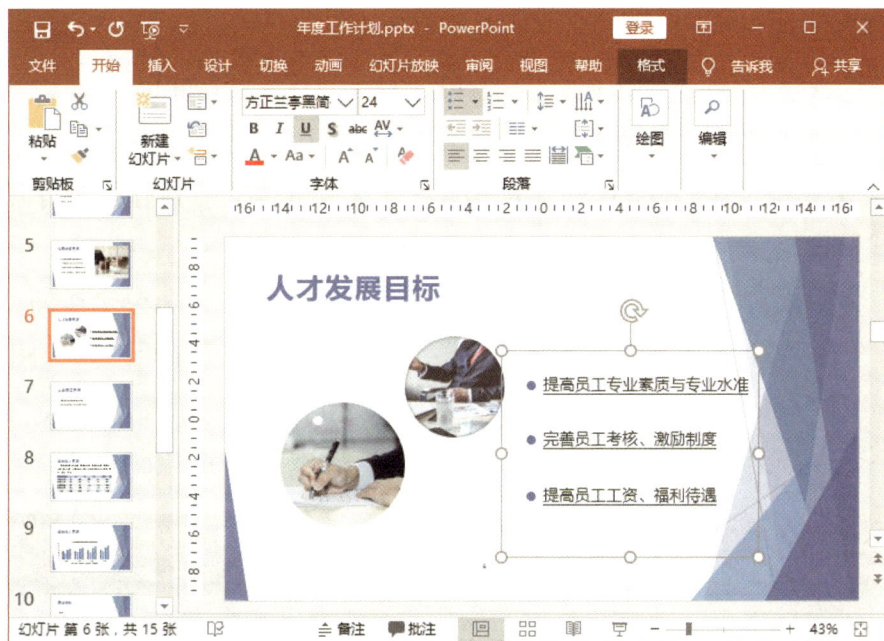

图3-37 设置第6张幻灯片格式后的效果

步骤5 设置第14张幻灯片格式。 选择第14张幻灯片，选择正文占位符，单击【开始】/【段落】组中的"项目符号"按钮右侧的下拉按钮，在打开的下拉列表中选择"带填充效果的钻石形项目符号"选项，为文本设置项目符号。然后，还需根据版式美化演示文稿，如添加背景图片、添加 SmartArt 图形、绘制形状、设置表格样式、设置图表样式等。

小组交流

设置演示文稿的格式，并在小组中交流讨论，根据讨论结果优化演示文稿的格式。

课堂笔记

任务 6 美化演示文稿

为演示文稿添加完素材、组织好演示文稿中的文字内容后，还需根据版式美化演示文稿，如添加背景图片、添加 SmartArt 图形、绘制形状、设置表格样式、设置图表样式等。

1. 添加背景图片

下面为演示文稿的封面页和结尾页添加背景图片。具体操作如下。

步骤 1　打开"设置背景格式"窗格。 在"幻灯片"浏览窗格中选择第 1 张幻灯片，单击【设计】/【自定义】组中的"设置背景格式"按钮 ，打开"设置背景格式"窗格。

微课视频
添加背景图片

步骤 2　为封面页添加背景图片。 选中"图片或纹理填充"单选按钮，单击 插入(R)... 按钮打开"插入图片"对话框，单击"从文件"右侧的 浏览 按钮打开"插入图片"对话框，选择"1.png"图片素材（配套资源：素材 \ 模块三 \1.png），单击 插入(S) 按钮。在"设置背景格式"窗格中设置"透明度"为"80%"，完成后的效果如图 3-38 所示。

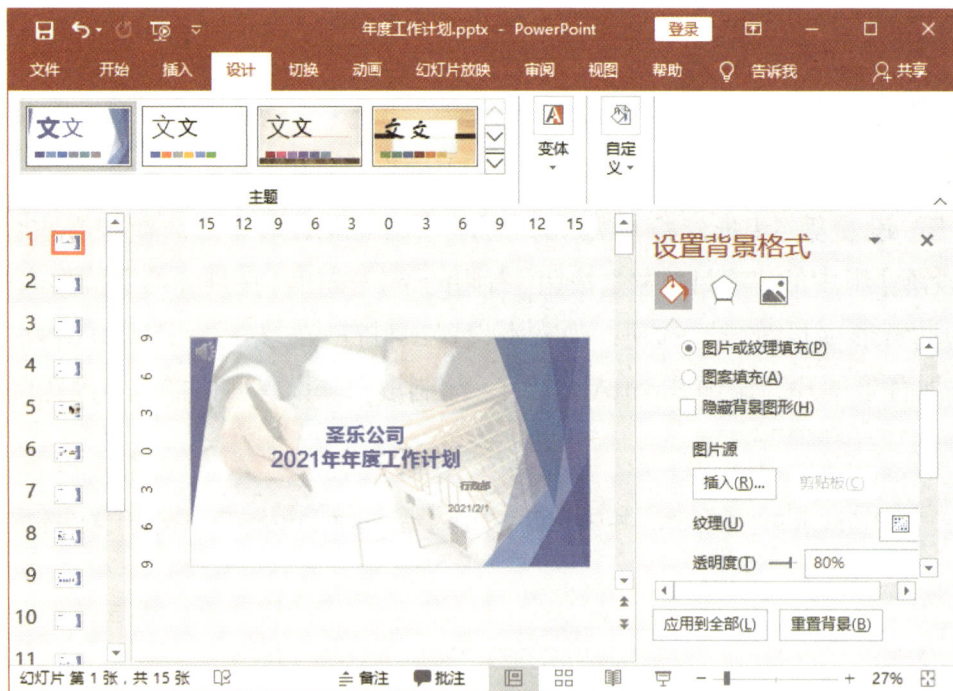

图 3-38　为封面页添加背景图片后的效果

步骤 3　为结尾页添加背景图片。 选择第 15 张幻灯片，为其添加与第 1 张幻灯片相同的背景图片。

微课视频
添加 SmartArt 图形

2. 添加 SmartArt 图形

SmartArt 图形是演示文稿中常用的图形对象，能展示幻灯片中的内容，使幻灯片更加生动形象。下面将为"年度工作计划 .pptx"演示文稿添加 SmartArt 图形。具体操作如下。

步骤 1　为第 7 张幻灯片添加 SmartArt 图形。 在"幻灯片"浏览窗格中选择第 7 张

幻灯片，单击【插入】/【插图】组中的"SmartArt"按钮 📇，打开"选择 SmartArt 图形"对话框，在左侧选择"列表"选项，在右侧选择"垂直图片重点列表"选项，单击 确定 按钮，如图 3-39 所示。

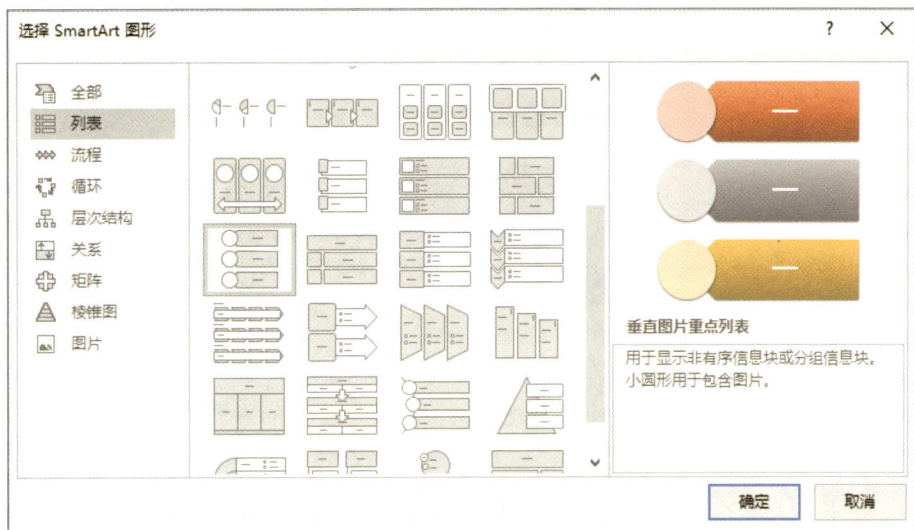

图 3-39 选择 SmartArt 图形

步骤 2 在 SmartArt 图形中添加元素。 删除 SmartArt 图形最下方的形状，输入文本内容后，调整 SmartArt 图形的大小，依次单击圆形上的 🖼️ 按钮，插入"3.jpg""4.png"图片素材（配套资源：素材 \ 模块三 \3.jpg、4.png）。完成后的效果如图 3-40 所示。

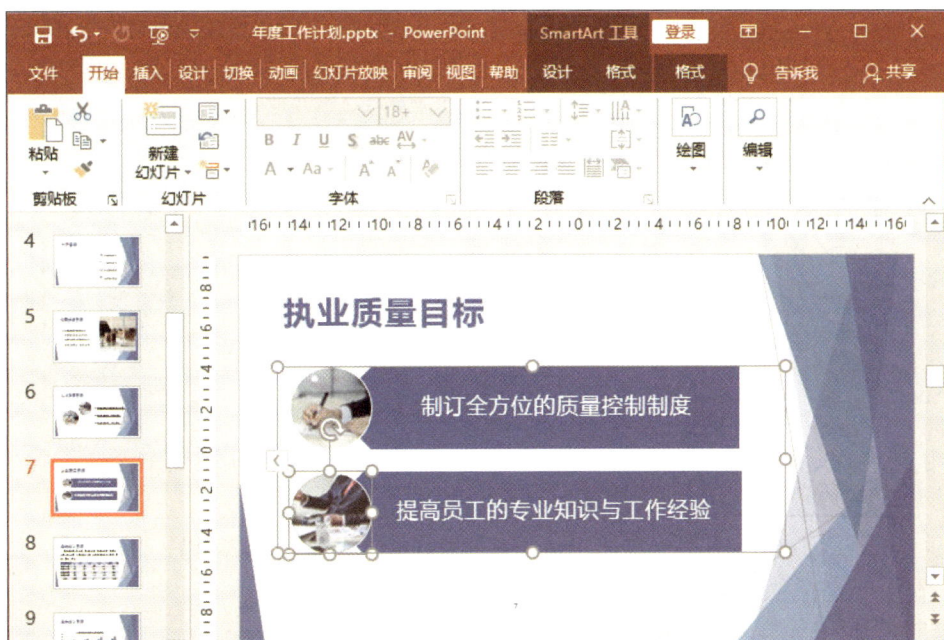

图 3-40 在 SmartArt 图形中添加元素

步骤 3 设置 SmartArt 图形的格式。 在【SmartArt 工具 - 设计】/【SmartArt 样式】组中设置"SmartArt 样式"为"强烈效果"，单击"更改颜色"按钮 ❖，在打开的下拉列表中选择"渐变范围 - 个性色 1"选项。完成后的效果如图 3-41 所示。

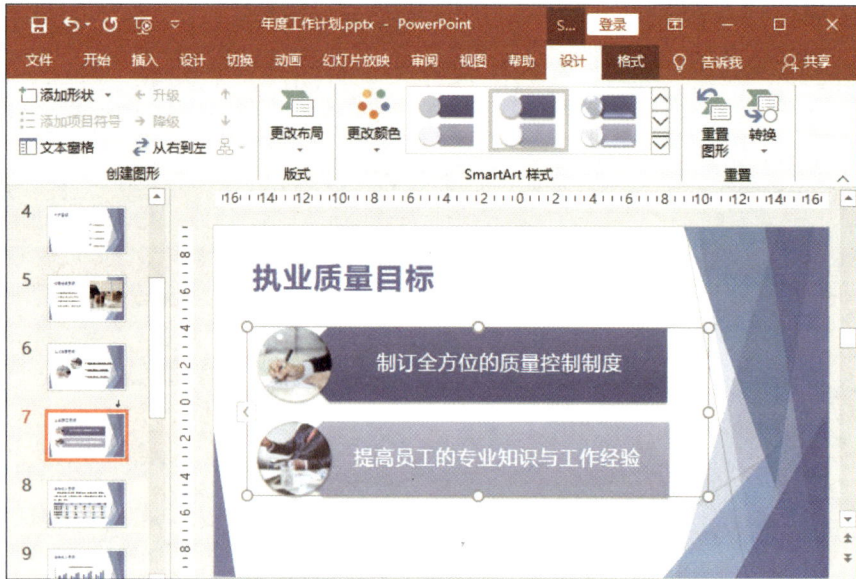

图 3-41　设置格式后的效果

步骤 4　为第 10 张幻灯片添加 SmartArt 图形。 选择第 10 张幻灯片，为其添加"环状蛇形流程"的 SmartArt 图形，删除多余的形状，输入文本内容，设置 SmartArt 样式为"强烈效果"、颜色为"彩色 - 个性色"。完成后的效果如图 3-42 所示。

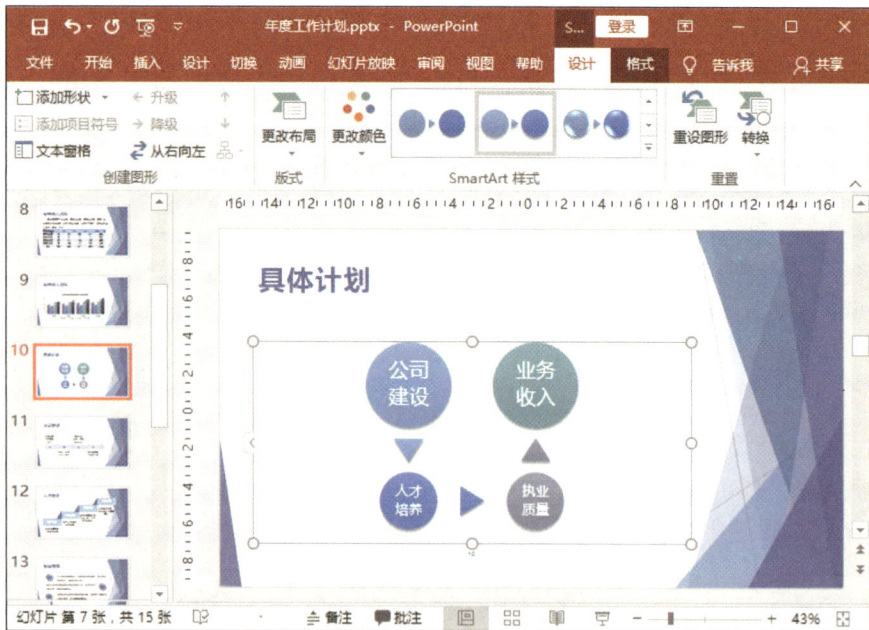

图 3-42　为第 10 张幻灯片添加 SmartArt 图形后的效果

3. 绘制形状

下面将在"年度工作计划 .pptx"演示文稿中绘制形状。具体操作如下。

步骤 1　选择要绘制的形状。 在"幻灯片"浏览窗格中选择第 2 张幻灯片，移动文本框至幻灯片右侧，单击【插入】/【插图】组中的"形状"按钮，在打开的下拉列表中选择"箭头总汇"栏的"箭头：五边形"选项，如图 3-43 所示。

微课视频

绘制形状

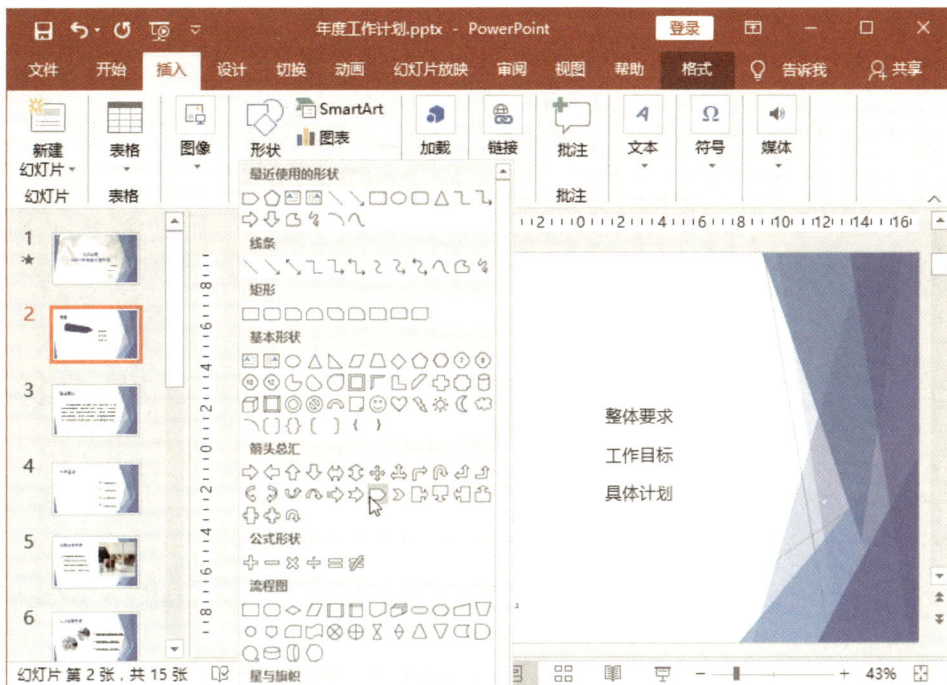

图 3-43　选择形状

步骤 2　绘制并更改形状。在幻灯片中绘制一个五边形，单击鼠标右键，在弹出的快捷菜单中选择"编辑顶点"命令，调整顶点位置，在任一顶点再次单击鼠标右键，在弹出的快捷菜单中选择"添加顶点"命令，添加并调整顶点，如图 3-44 所示。

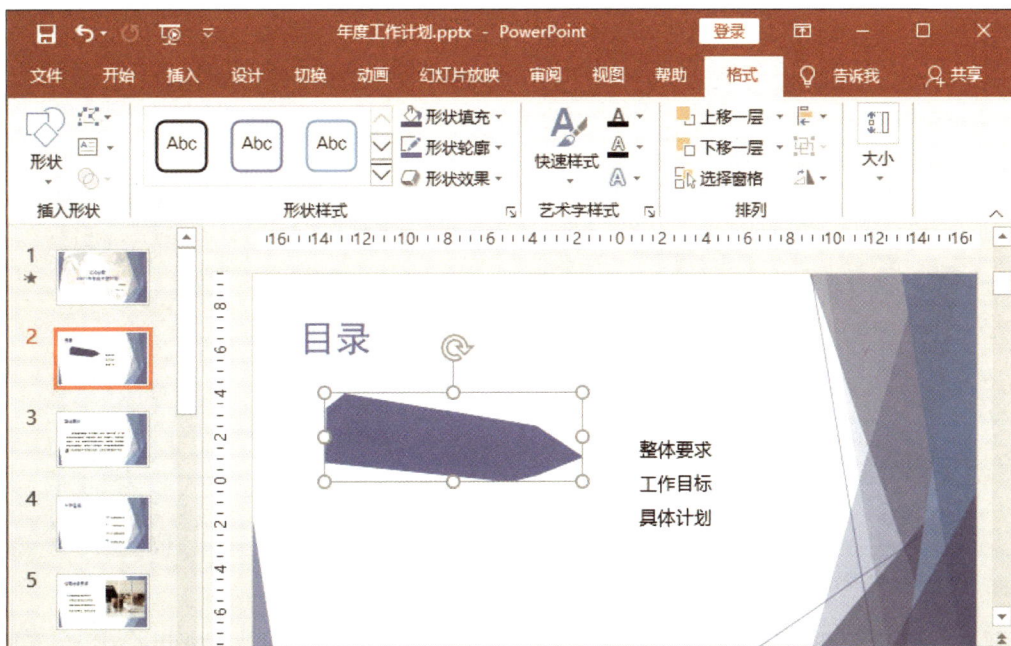

图 3-44　绘制并更改形状

步骤 3　更改形状颜色。单击【格式】/【形状样式】组中的"形状填充"按钮，在打开的下拉列表中选择"蓝 - 灰，个性色 1，深色 25%"选项。完成后的效果如图 3-45 所示。

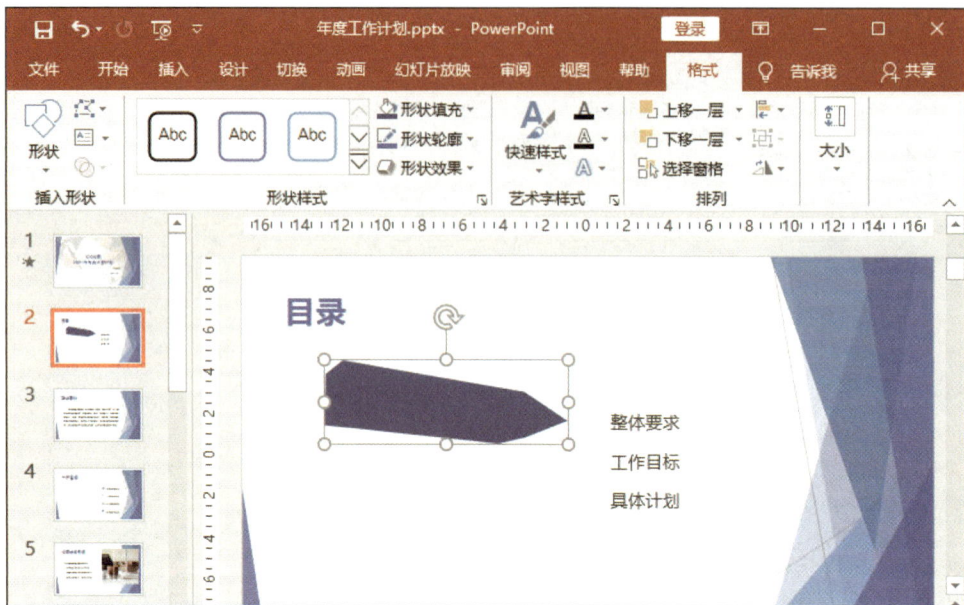

图 3-45　更改形状颜色后的效果

步骤 4　绘制并组合形状。 在已绘制的形状上再次绘制一个填充颜色为"蓝 - 灰，个性色 1"的"箭头：五边形"形状，然后绘制一个填充颜色为"蓝 - 灰，个性色 1，淡色 40%"的平行四边形。同时选择这 3 个形状，单击【格式】/【排列】组中的"组合"按钮 ，在打开的下拉列表中选择"组合"选项，将其组合为一个形状，如图 3-46 所示。

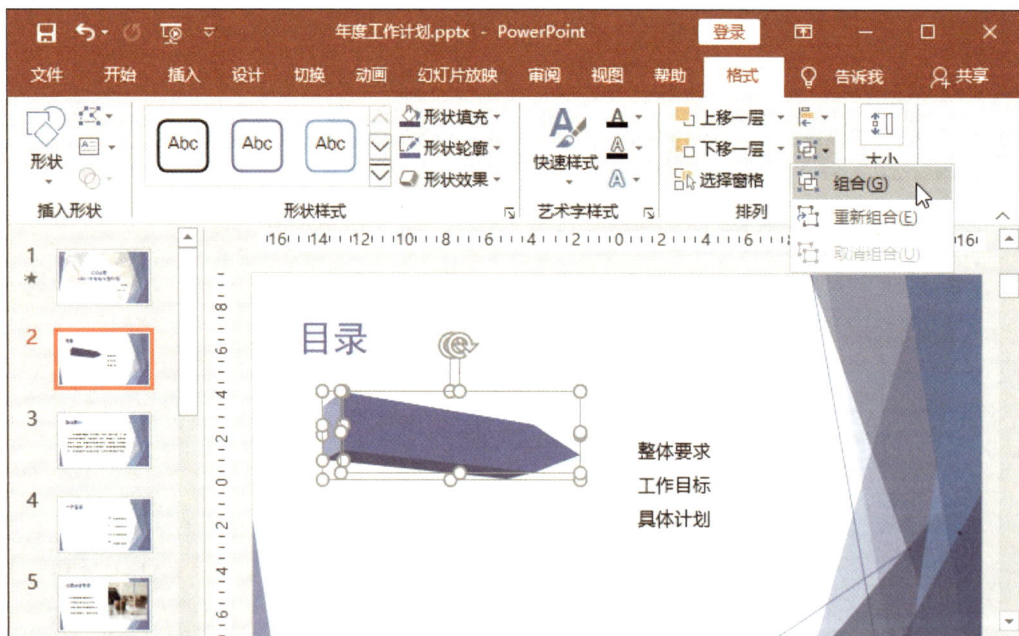

图 3-46　组合形状

步骤 5　继续绘制形状并插入图片。 使用同样的方法分别绘制两个颜色不同的五边形和平行四边形的组合形状，调整形状的位置。插入"8.png""14.png""15.png""16.png"图片素材（配套资源：素材 \ 模块三 \8.png、14.png、15.png、16.png），并将其移动到形状上方合适位置处。选择正文占位符，更改字号为"36"、行间距为"2.0"。完成后的效果如图 3-47 所示。

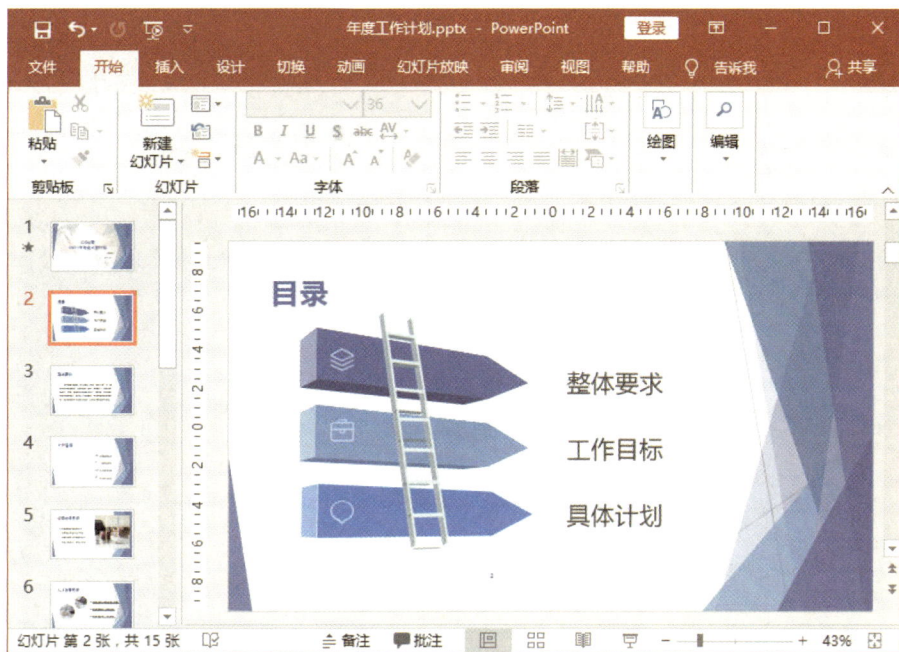

图 3-47 再次绘制形状并插入图片素材后的效果

步骤 6 为第 4 张幻灯片绘制形状。 选择第 4 张幻灯片，移动正文占位符至幻灯片右侧，绘制一个填充颜色为"蓝 - 灰,个性色 1"的"对话框气泡:椭圆形"形状,按【Ctrl+C】组合键复制形状，连续按 3 次【Ctrl+V】组合键粘贴 3 个形状，并将其中 2 个的填充颜色改为"蓝 - 灰，个性色 4"。选择形状上方的按钮，按住鼠标左键不放，拖曳鼠标指针调整形状方向，如图 3-48 所示。

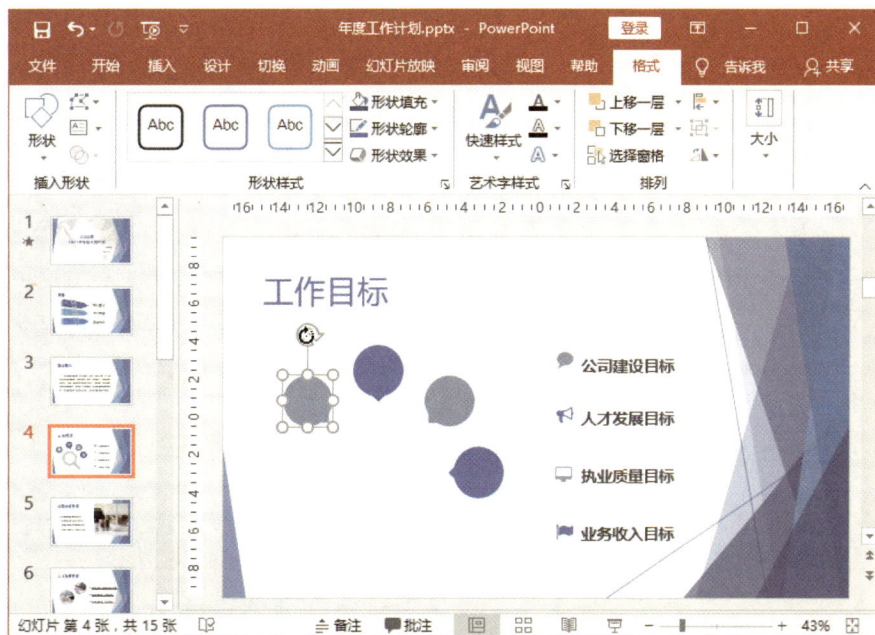

图 3-48 为第 4 张幻灯片绘制形状

步骤 7 插入图片。 插入"9.png""10.png""11.png""12.png""13.png"图片素材（配套资源：素材 \ 模块三 \9.png、10.png、11.png、12.png、13.png），并调整图片素材的位置。完成后的效果如图 3-49 所示。

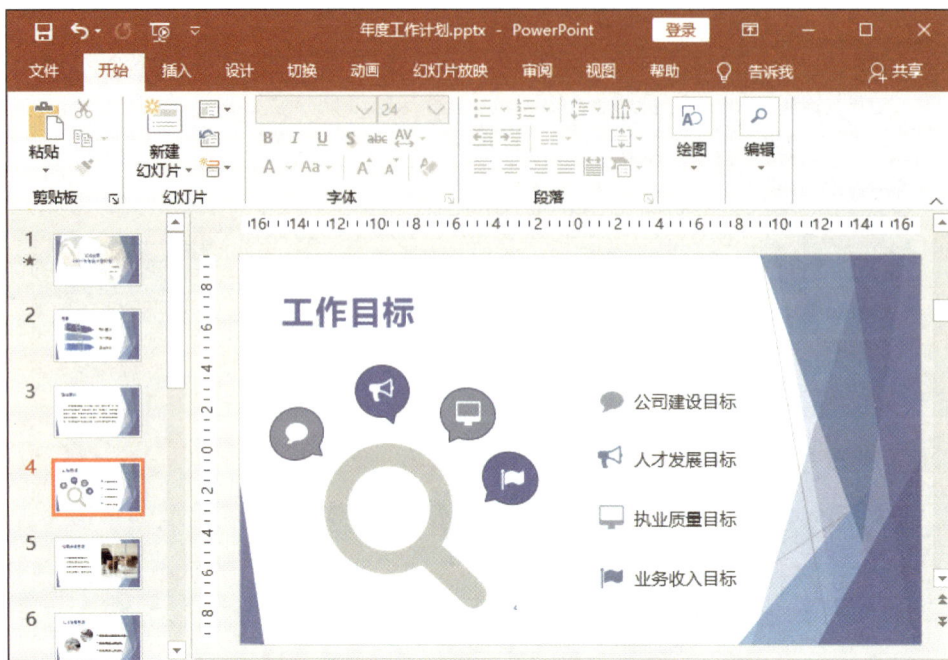

图 3-49　插入图片素材后的效果

步骤 8　为第 6 张幻灯片绘制形状。 选择第 6 张幻灯片，绘制一个"形状填充"和"形状轮廓"均为"蓝 - 灰，个性色 4，深色 25%"的圆，复制并粘贴该圆，然后将两个圆分别移动到"3.jpg"和"4.png"图片素材旁边。完成后的效果如图 3-50 所示。

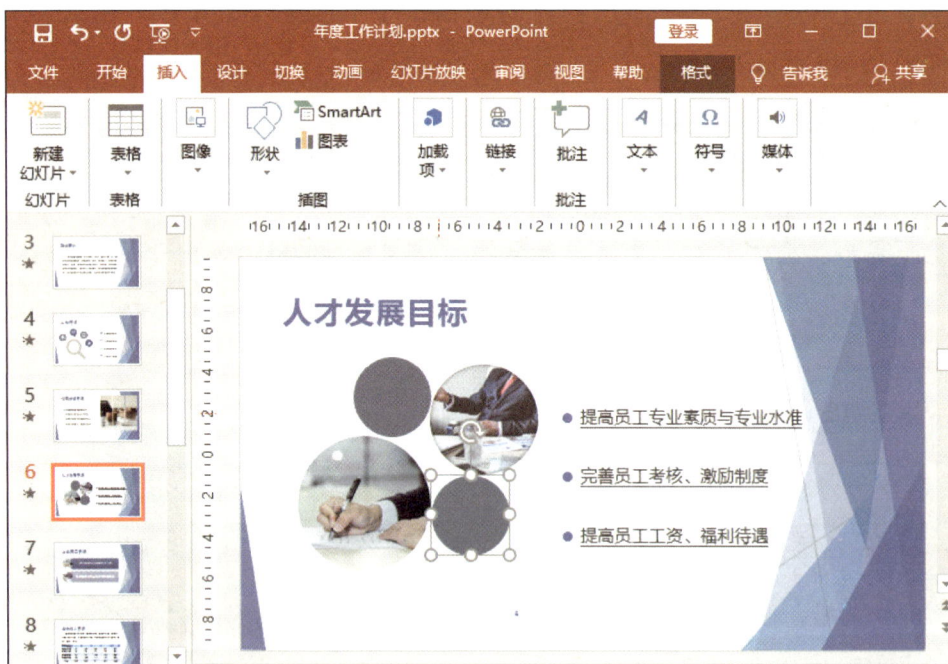

图 3-50　为第 6 张幻灯片绘制形状后的效果

步骤 9　为第 12 张幻灯片绘制形状。 选择第 12 张幻灯片，绘制一个"形状填充"和"形状轮廓"均为"蓝色，个性色 2，淡色 40%"的矩形，复制并粘贴 3 次；再绘制一个"形状填充"和"形状轮廓"均为"蓝色，个性色 2，深色 25%"的直角三角形，复制并粘贴 2次，调整形状的位置，如图 3-51 所示。

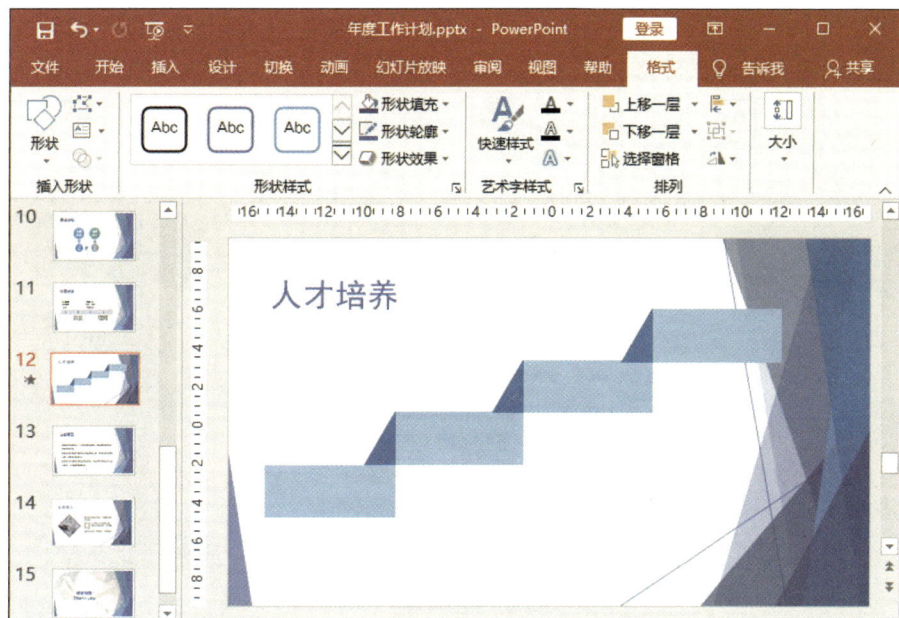

图 3-51 为第 12 张幻灯片绘制形状

步骤 10 输入并设置文字。 在第一个矩形上单击鼠标右键，在弹出的快捷菜单中选择"编辑文字"命令，输入"第一步"，继续在其他矩形中输入"第二步""第三步""第四步"，并设置文字格式为"方正兰亭黑简体，32，加粗"。在矩形下方分别绘制横排文本框，输入文字内容，设置文字格式为"方正兰亭黑简体，24"。完成后的效果如图 3-52 所示。

图 3-52 输入并设置文字后的效果

步骤 11 为第 13 张幻灯片绘制形状。 选择第 13 张幻灯片，将文本内容按段落分别输入 3 个横排文本框中，绘制一个"形状填充"和"形状轮廓"均为"蓝色，个性色 2，淡色 40%"的圆形，以及一条"形状轮廓"为"蓝 - 灰，个性色 1"的弧线，如图 3-53 所示。

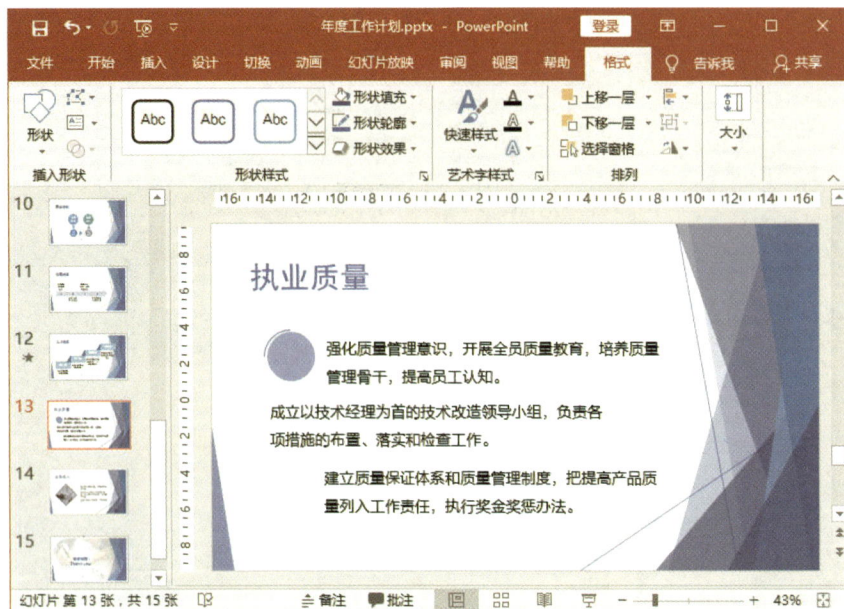

图 3-53   为第 13 张幻灯片绘制形状

步骤 12   插入艺术字并组合形状。 单击【插入】/【文本】组中的"艺术字"按钮 A，在打开的下拉列表中选择"填充：白色；边框：蓝-灰，主题色 1；发光：蓝-灰，主题色 1"选项，在圆上输入艺术字"01"，调整圆、弧线、艺术字的位置，将其组合成一个形状，复制并粘贴 2 次，分别将"01"文本改为"02"文本和"03"文本，并分别移至文本框旁。完成后的效果如图 3-54 所示。

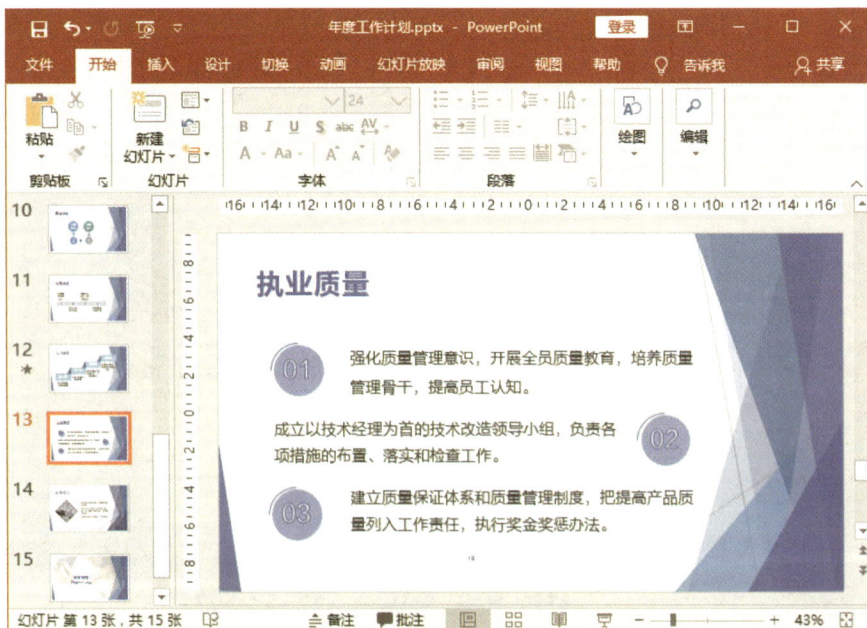

图 3-54   插入艺术字并组合形状后的效果

步骤 13   为第 14 张幻灯片绘制形状。 选择第 14 张幻灯片，绘制一个"形状填充"和"形状轮廓"均为"灰色，个性色 6，深色 25%"的菱形，将其移至图片上方，单击【格式】/【排列】组中的"下移一层"按钮 ，将其移至图片下方。完成后的效果如图 3-55 所示。

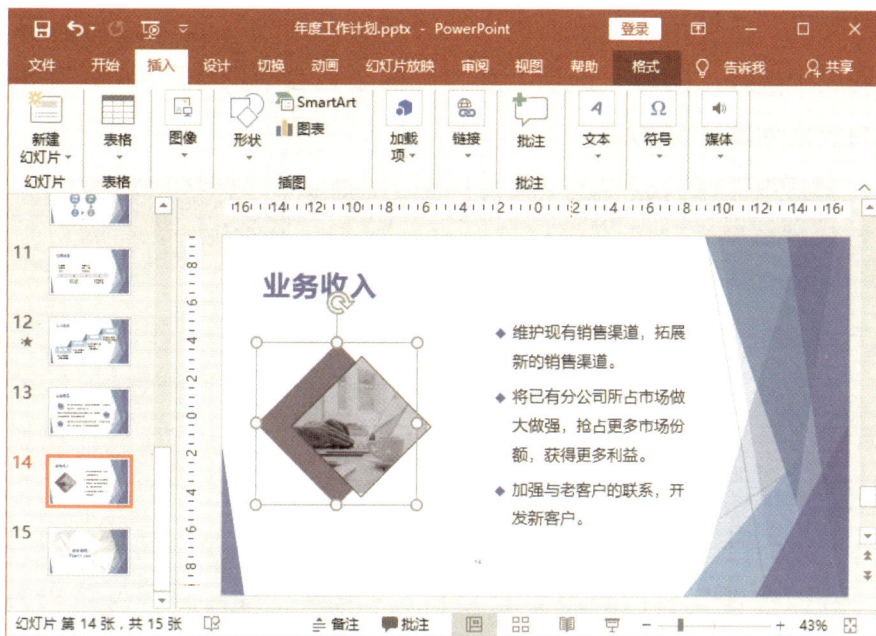

图 3-55 为第 14 张幻灯片绘制形状后的效果

4．设置表格、图表样式和效果

为使演示文稿中的表格和图表与演示文稿的整体风格更加契合，下面将设置"年度工作计划 .pptx"演示文稿中的表格、图表样式和效果。具体操作如下。

微课视频

设置表格、图表样式和效果

步骤 1　设置表格样式。 在"幻灯片"浏览窗格中选择第 8 张幻灯片，选择表格，在【表格工具 - 设计】/【表格样式】组中设置表格样式为"中度样式 2- 强调 3"，如图 3-56 所示。

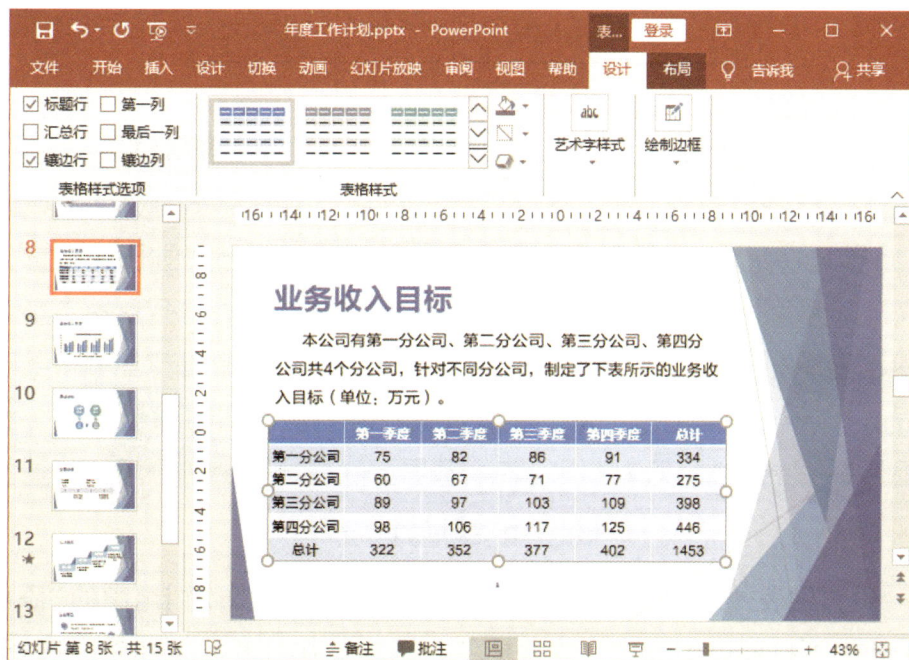

图 3-56　设置表格样式

步骤 2　设置表格效果。 将文本插入点定位到表格第一个单元格，单击"边框"按钮▨右侧的下拉按钮，在打开的下拉列表中选择"斜下框线"选项；单击"效果"按钮▨，在打开的下拉列表中选择"阴影"选项，在打开的子列表中选择"外部"栏的"偏移：中"选项。完成后的效果如图 3-57 所示。

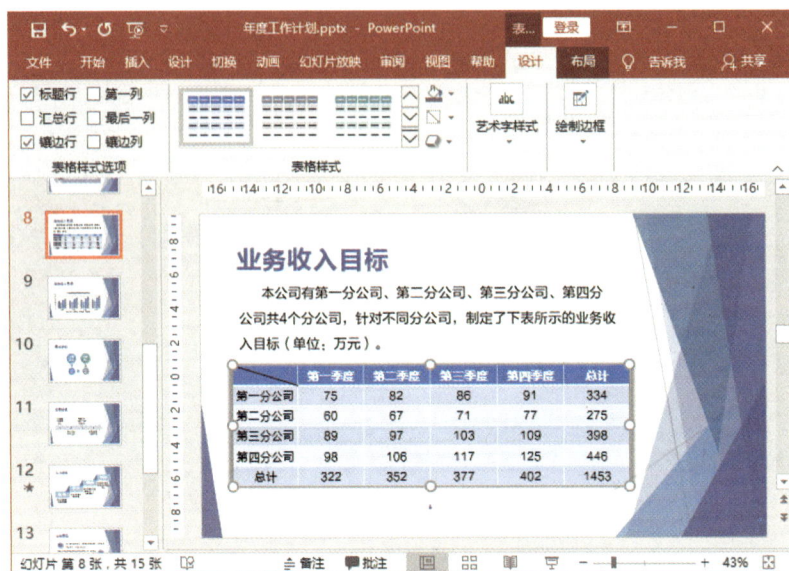

图 3-57　设置表格效果

步骤 3　设置图表样式。 选择第 9 张幻灯片，选择图表，在【图表工具 - 设计】/【图表样式】组中设置图表样式为"样式 14"，单击"更改颜色"按钮▨，在打开的下拉列表中选择"彩色调色板 2"选项，如图 3-58 所示。

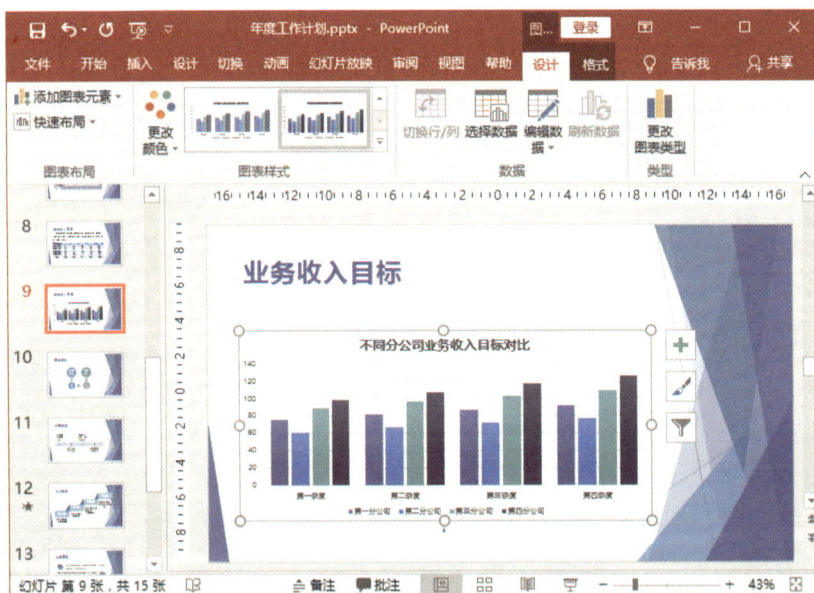

图 3-58　设置图表样式

步骤 4　设置图表效果。 单击【图表工具 - 设计】/【图表布局】组中的"添加图表元素"按钮▨，在打开的下拉列表中选择"数据标签"选项，在打开的子列表中选择"数据标签外"选项。单击【图表工具 - 格式】/【形状样式】组中的"形状效果"按钮▨，在打开的下拉列表中选择"阴影"选项，在打开的子列表中选择"外部"栏中的"偏移：左下"选项。

完成后的效果如图 3-59 所示。

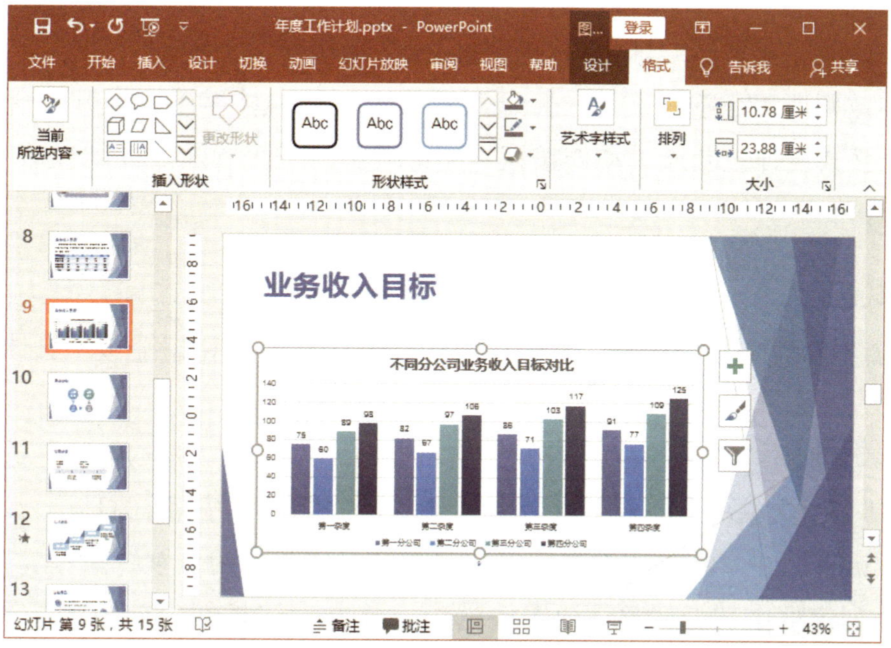

图 3-59 设置图表效果

（1）继续在之前制作的演示文稿中添加背景图片、SmartArt 图形，绘制形状，并设置表格、图表样式和效果。

（2）美化完成后，小组内成员交流并互评演示文稿的整体效果，然后根据组内成员的意见优化演示文稿。

小组交流

课堂笔记

任务 **7** 设计交互式特效

交互式设计能够在不同幻灯片间建立链接，帮助用户由当前幻灯片快速切换到另一张幻灯片，而特效则能美化演示文稿，降低观看演示文稿的枯燥感，提升观众的阅读兴趣。一般来说，交互式设计主要通过动作按钮、超链接实现，而特效设计则包括幻灯片切换和动画效果设置。

1. 交互式设计

下面将为"年度工作计划 .pptx"演示文稿添加动作按钮和超链接。具体操作如下。

<table>
<tr><td>微课视频

交互式设计</td></tr>
</table>

步骤 1　添加超链接。 在"幻灯片"浏览窗格中选择第 2 张幻灯片，选择"整体要求"文本，单击【插入】/【链接】组中的"链接"按钮🌐，打开"编辑超链接"对话框，在"链接到"列表框中选择"本文档中的位置"选项，在"请选择文档中的位置"列表框中选择"整体要求"选项，单击 确定 按钮，如图 3-60 所示。使用相同的方法为"工作目标"和"具体计划"添加超链接。

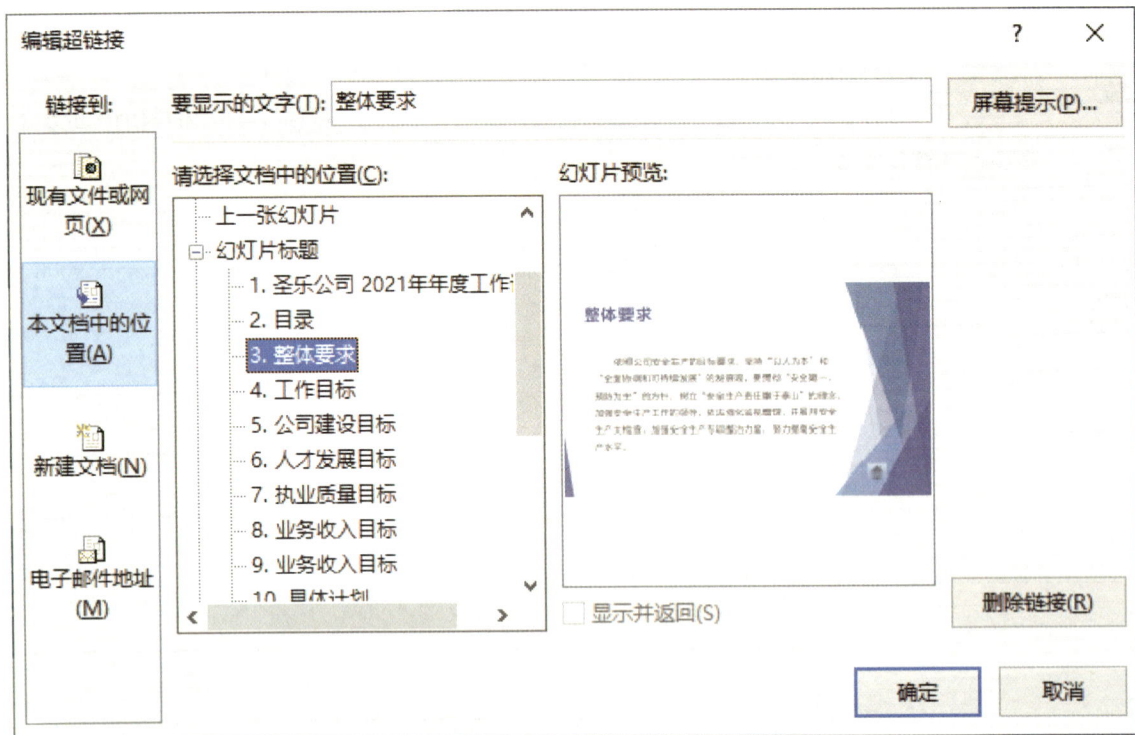

图 3-60　链接到对应幻灯片

步骤 2　绘制转到主页动作按钮。 选择第 3 张幻灯片，单击【插入】/【插图】组中的"形状"按钮，在打开的下拉列表中选择"动作按钮"栏中的"动作按钮：第一张"选项，在页面右下角绘制动作按钮，如图 3-61 所示。

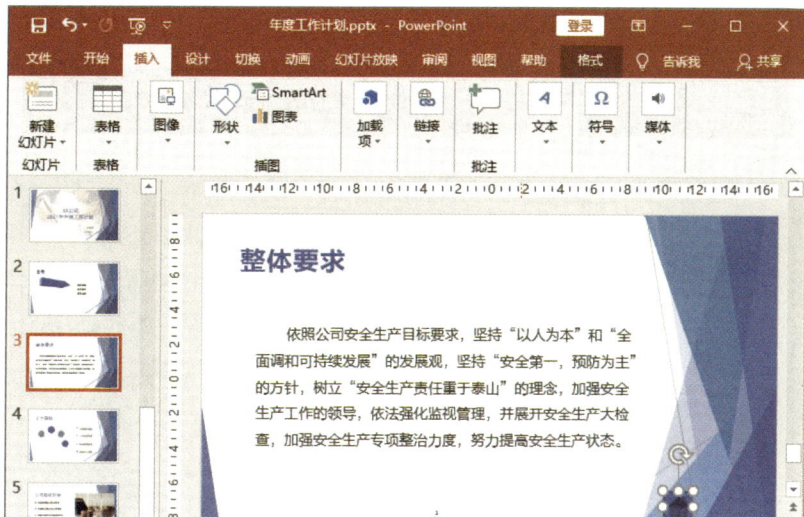

图 3-61 绘制动作按钮

步骤 3 设置动作按钮。 打开"操作设置"对话框，在"超链接到"单选按钮下方的下拉列表框中选择"目录"选项。打开"超链接到幻灯片"对话框，在"幻灯片标题"列表框中选择"目录"选项，连续单击 确定 按钮，如图 3-62 所示。

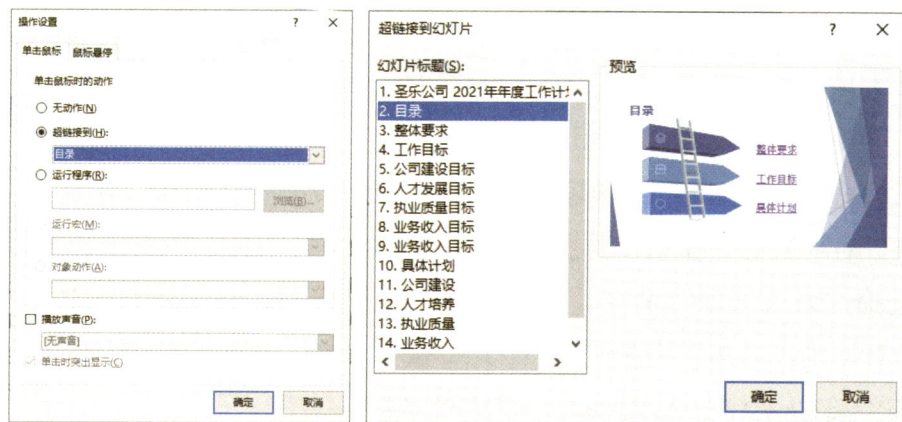

图 3-62 设置单击动作按钮的操作

步骤 4 复制并粘贴动作按钮。 在【绘图工具 - 格式】/【形状样式】组中设置动作按钮样式为"细微效果 - 蓝色，强调颜色 2"。复制动作按钮，并将其粘贴到第 9 张和第 14 张幻灯片中。

微课视频

特效设计

2. 特效设计

特效设计包括幻灯片切换和动画效果设置。在设计特效时，一般需要遵循宁缺毋滥、繁而不乱、突出重点、适当创新的原则，保证演示文稿的整体效果相得益彰、富有新意。下面将为"年度工作计划 .pptx"演示文稿添加切换和动画效果。具体操作如下。

步骤 1 设置演示文稿的切换效果。 在"幻灯片"浏览窗格中选择第 1 张幻灯片，单击【切换】/【切换到此幻灯片】组中的"切换效果"按钮▣，在打开的下拉列表中选择"华丽"栏中的"碎片"选项，单击"效果选项"按钮▣，在打开的下拉列表中选择"粒状向内"选项;在【切换】/【计时】组中，设置"声音"为"单击"、"持续时间"为"01.00"，单击"应用到全部"按钮，如图 3-63 所示。

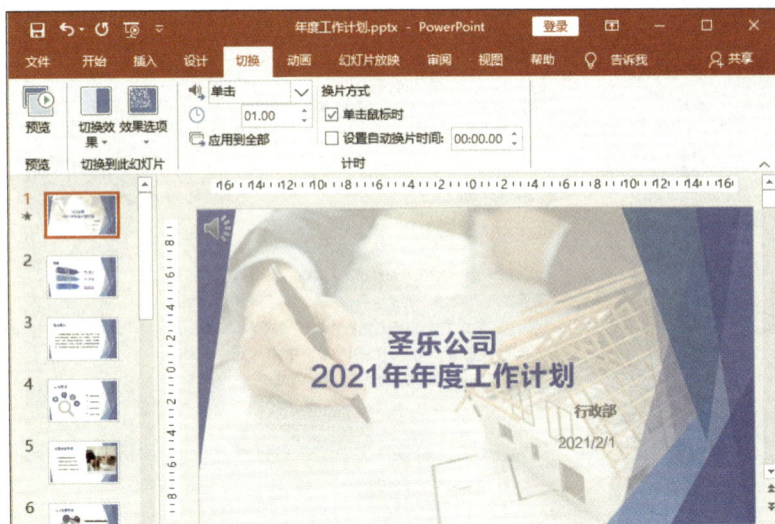

图 3-63　设置切换效果

步骤2　设置动画效果。选择标题占位符，单击【动画】/【动画】组中的"动画样式"按钮，在打开的下拉列表中选择"飞入"选项，单击"效果选项"按钮，在打开的下拉列表中选择"自顶部"选项，在【动画】/【计时】组中的"开始"下拉列表框中选择"与上一动画同时"选项。选择副标题占位符，为其添加"浮入"动画，并设置"开始"为"上一动画之后"、"持续时间"为"00.50"，如图 3-64 所示。

步骤3　设置高级动画效果选项。单击【动画】/【高级动画】组中的"动画窗格"按钮，打开"动画窗格"窗格，选择标题占位符对应的动画，单击鼠标右键，在弹出的快捷菜单中选择"效果选项"命令，打开"飞入"对话框，在"效果"选项卡的"增强"栏中设置"声音"为"微风"、"动画文本"为"按字 / 词"，单击 确定 按钮，如图 3-65 所示。

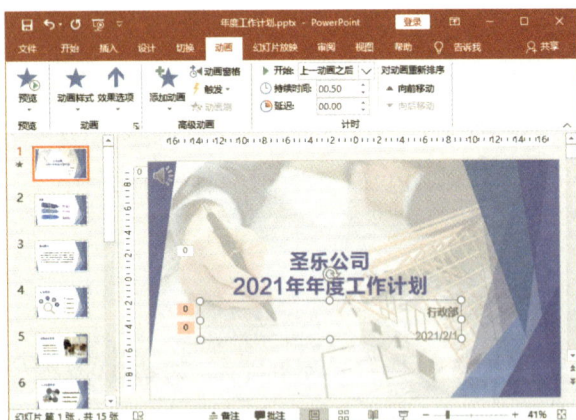

图 3-64　设置动画效果

图 3-65　设置"飞入"动画效果选项

步骤4　为后续幻灯片标题占位符设置动画效果。选择第 1 张幻灯片，选择标题占位符，双击【动画】/【高级动画】组中的"动画刷"按钮，鼠标指针将呈形状，依次选择后续幻灯片中的标题占位符，第 1 张幻灯片标题占位符的动画效果将快速复制到后续幻灯片中，如图 3-66 所示。再次单击"动画刷"按钮，将退出复制动画状态。

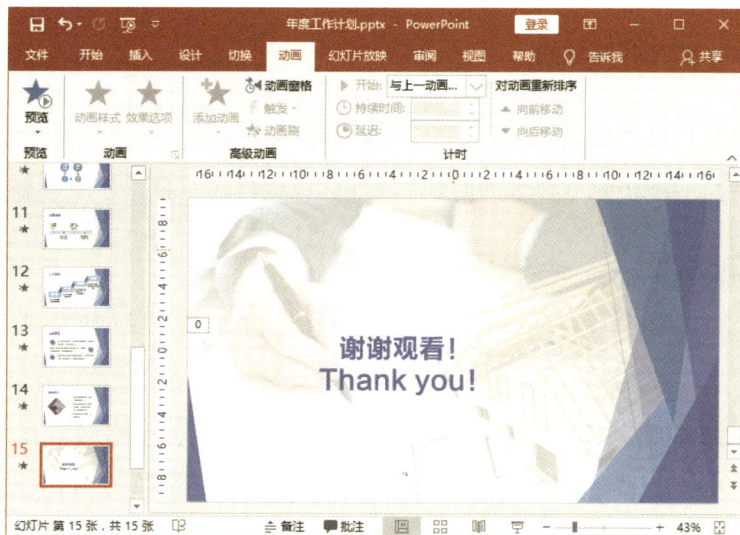

图 3-66 快速复制动画效果

步骤 5 为第 2 张幻灯片设置动画效果。 选择第 2 张幻灯片，同时选择幻灯片中的所有图片素材，为其添加"劈裂"动画，并设置动画效果为"中央向左右展开"；选择正文占位符，为其添加"擦除"动画，并设置动画效果为"自顶部"、"开始"为"上一动画之后"。完成后的效果如图 3-67 所示。

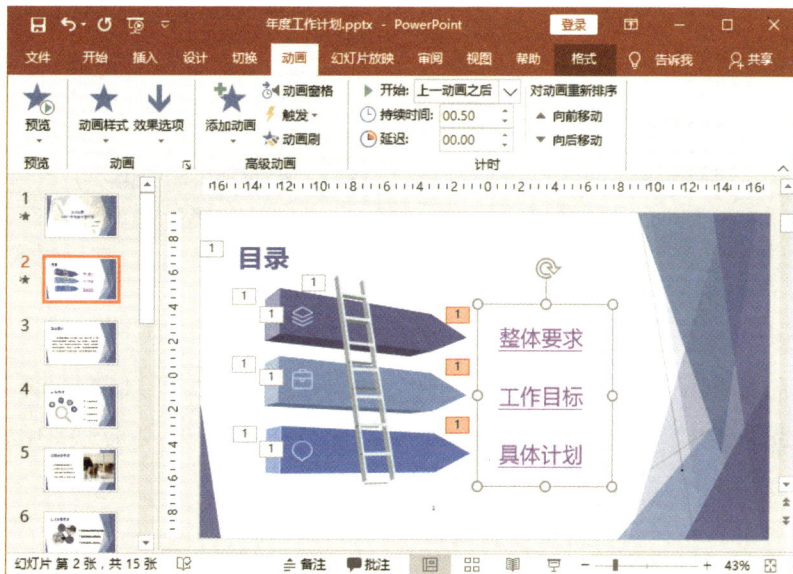

图 3-67 为第 2 张幻灯片设置动画效果后的效果

步骤 6 为后续幻灯片继续设置动画效果。 依次为后续幻灯片设置动画效果，当幻灯片中有多个元素时，将相似元素作为整体设置动画效果，并更改"开始"为"与上一动画同时"或"上一动画之后"、"持续时间"为"01.00"或"00.50"。

小组交流　为演示文稿设置动画效果，在组内互相评价小组成员的演示文稿整体效果，并根据评价更改效果。

任务 8 进行计时排练

在正式放映幻灯片前，还需要根据场合和放映要求进行设置和排练计时，以方便用户能够应对不同的场合，更好地放映幻灯片。

1. 自定义幻灯片放映

下面将为"年度工作计划 .pptx"演示文稿设置自定义幻灯片放映方案。具体操作如下。

微课视频

自定义幻灯片放映

步骤 1 自定义幻灯片放映。 单击【幻灯片放映】/【开始放映幻灯片】组中的"自定义幻灯片放映"按钮 ，在打开的下拉列表中选择"自定义放映"选项，打开"自定义放映"对话框，单击 新建(N)... 按钮，打开"定义自定义放映"对话框。

步骤 2 定义自定义放映。 在"幻灯片放映名称"文本框中输入"工作目标"，在"在演示文稿中的幻灯片"中选中第 1 张、第 4 ~ 9 张和第 15 张幻灯片对应的名称，单击 添加(A) 按钮，将其添加到"在自定义放映中的幻灯片"中，单击 确定 按钮，如图 3-68 所示。

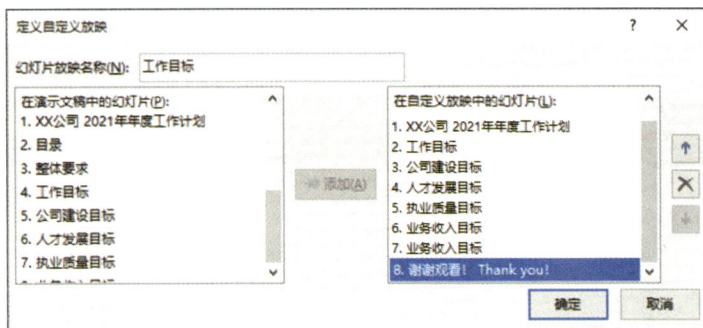

图 3-68 定义自定义放映

步骤 3 自定义"具体计划"放映。 返回"自定义放映"对话框，单击 新建(N)... 按钮，在"定义自定义放映"对话框的"幻灯片放映名称"文本框中输入"具体计划"，将封面页、结尾页和与具体计划有关的第 10 ~ 14 张幻灯片添加到"在自定义放映中的幻灯片"中，单击 确定 按钮，返回"自定义放映"对话框，如图 3-69 所示。

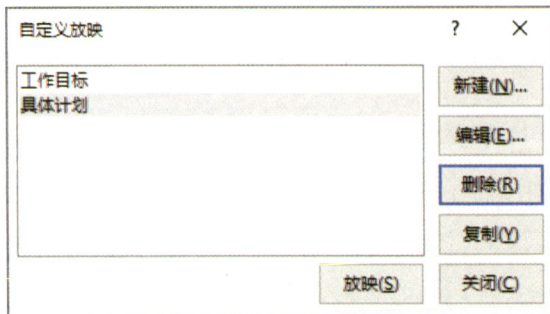

图 3-69 自定义"具体计划"放映

步骤 4 根据设置的方案放映演示文稿。 单击 放映(S) 按钮，PowerPoint 2016 将开始按照设置的"具体计划"方案自动放映演示文稿。放映完成后，按【Esc】键即可返回普通视图。

单击【幻灯片放映】/【开始放映幻灯片】组中的"自定义幻灯片放映"按钮，设置好的"工作目标"和"具体计划"放映方案将显示在下拉列表中，如图 3-70 所示。选择"工作目标"或"具体计划"选项，PowerPoint 2016 将按照设置的方案放映演示文稿。

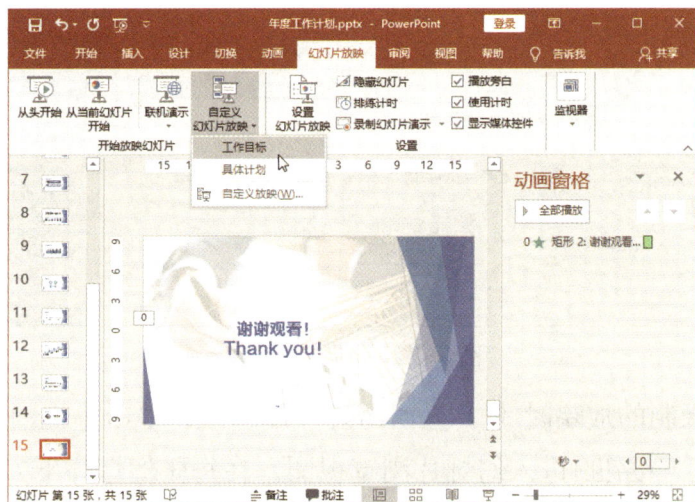

图 3-70　设置放映方案

> **提示**　若不需要预览已设置的放映方案，可在"自定义放映"对话框中单击 关闭(C) 按钮，直接关闭对话框。

2. 排练计时

PowerPoint 2016 提供了排练计时功能，通过该功能可模拟演示文稿的放映过程，自动记录每张幻灯片的放映时间，从而在放映演示文稿时，能够根据排练记录的时间自动播放每张幻灯片。下面在"年度工作计划 .pptx"演示文稿中设置排练计时。具体操作如下。

微课视频
排练计时

步骤 1　录制幻灯片放映时间。 单击【幻灯片放映】/【设置】组中的"排练计时"按钮，进入幻灯片放映状态，并打开"录制"窗格记录每张幻灯片的播放时间，如图 3-71 所示。

图 3-71　录制幻灯片放映时间

步骤2　保存排练计时。 当排练完一次演示文稿后，按【Esc】键，将打开提示对话框，在其中显示了录制的总时间，单击 [是(Y)] 按钮保存排练时间，如图 3-72 所示。

图 3-72　保存排练计时

步骤3　查看录制的放映时间。 返回幻灯片编辑区，单击【视图】/【演示文稿视图】组中的"幻灯片浏览"按钮 回 进入幻灯片浏览视图，在每张幻灯片下方将显示录制的时间，如图 3-73 所示。

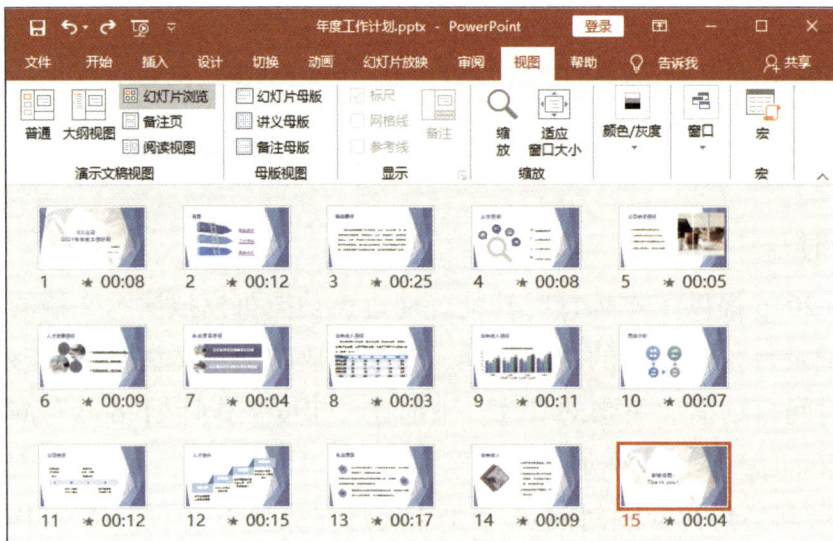

图 3-73　查看录制的放映时间

3. 放映设置

PowerPoint 2016 提供了不同的放映类型，包括演讲者放映（全屏幕）、观众自行浏览（窗口）和在展台浏览（全屏幕）3 种，选择不同的放映类型，其放映效果也有所不同。在放映前，用户需要根据演示文稿实际放映场合，选择对应放映类型。下面将设置"年度工作计划 .pptx"演示文稿的放映类型。具体操作如下。

> 微课视频
>
> 放映设置

步骤1　设置放映方式。 单击【幻灯片放映】/【设置】组中的"设置幻灯片放映"按钮 ，打开"设置放映方式"对话框，在"放映选项"栏中勾选"循环放映，按 ESC 键终止"复选框，保持其他栏的默认设置，单击 [确定] 按钮，如图 3-74 所示。

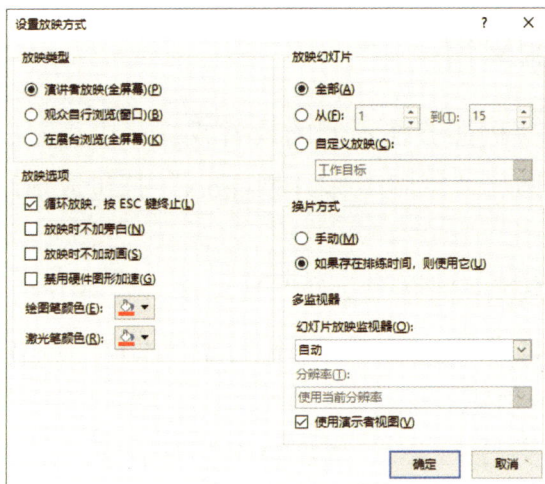

图 3-74 设置放映方式

步骤 2 隐藏幻灯片。 在放映幻灯片时，如果认为某一张幻灯片不需要放映，那么可隐藏该幻灯片。例如选择第 9 张幻灯片，单击【幻灯片放映】/【设置】组中的"隐藏幻灯片"按钮 ，将隐藏该幻灯片，且在"幻灯片"浏览窗格中该幻灯片的编号上将显示斜线，如图 3-75 所示。在放映时该幻灯片也不再显示。

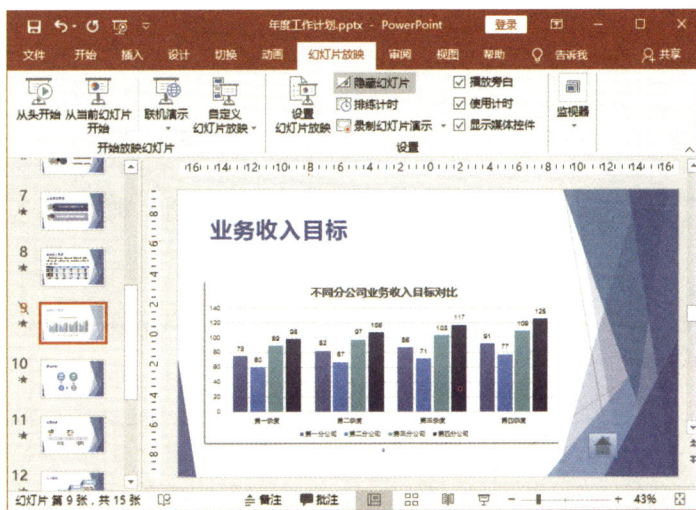

图 3-75 隐藏幻灯片

步骤 3 显示幻灯片。 再次单击【幻灯片放映】/【设置】组中的"隐藏幻灯片"按钮 ，该幻灯片将重新显示，放映时也将正常显示。

> **提示**
>
> 此外，还可选择需要隐藏的幻灯片，在该幻灯片上单击鼠标右键，在弹出的快捷菜单中选择"隐藏幻灯片"命令，隐藏幻灯片。

> **小组交流**
>
> 各小组根据本小组演示文稿的具体内容设置放映方案；结合放映场合设置演示文稿的放映方式；进行放映排练并保存排练计时，最后各小组派代表分享交流。

任务 9　生成演示文件

为了使制作好的演示文稿能够在不同的设备或程序中查看，需要根据演示文稿生成演示文件。下面将"年度工作计划 .pptx"打包成演示文件。具体操作如下。

步骤 1　选择打包方式。 选择"文件"选项卡，在打开的页面左侧选择"导出"选项，在中间的"导出"界面选择"将演示文稿打包成 CD"选项，在页面右侧单击"打包成 CD"按钮，如图 3-76 所示。

步骤 2　设置打包参数。 打开"打包成 CD"对话框，在"将 CD 命名为"文本框中输入"年度工作计划"，单击 复制到文件夹(F)... 按钮，打开"复制到文件夹"对话框，在"文件夹名称"文本框中输入"年度工作计划"，设置文件夹位置，单击 确定 按钮，如图 3-77 所示。

图 3-76　选择打包方式

图 3-77　设置打包参数

步骤 3　确认打包。 打开提示对话框，单击 是(Y) 按钮，确认打包，如图 3-78 所示。

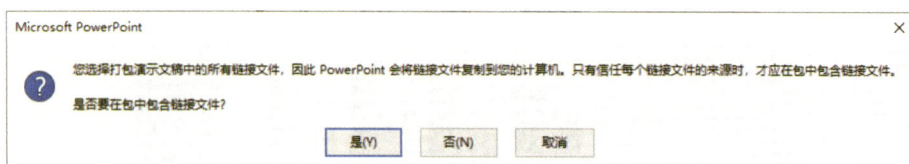

图 3-78　确认打包

步骤 4　查看打包的文件。 演示文稿打包完成后将自动打开保存的文件夹，在其中可查看打包的文件，如图 3-79 所示（配套资源：效果\模块三\年度工作计划\年度工作计划 .pptx）。

图 3-79　查看打包的文件

提示　除打包成 CD 外，演示文稿还可以导出为视频文件、动态 GIF 文件、图片文件和 PDF 文件等，其方法与打包为 CD 类似。

小组交流　将演示文稿打包为 CD，并在不同设备上播放未打包的演示文稿和打包后的演示文稿，分析其异同。

课堂笔记

任务 10　作品交流

生成演示文稿后，我们就可以在其他计算机上放映或演示幻灯片，进行作品交流。下面介绍一些实际放映过程中的注意事项，以及相关演示技巧。

1. 检查设备

放映幻灯片时会用到一些硬件设备，主要包括主设备和辅助设备两大类。提前检查这些设备是否能够正常运转，以确保幻灯片放映的顺利进行。

（1）主设备的检查

放映幻灯片的主设备主要是计算机、投影仪和投影屏幕，对这些设备的检查需要注意以下方面的情况。

- 计算机：无论是台式计算机还是笔记本电脑，首先需要检查计算机能否正常工作，其次需要检查计算机中是否存储了待放映的 PPT 文件。对于笔记本电脑而言，如果没有外接电源，则一定要保证电池的续航时间能够完全支撑整个放映过程，不至于中途断电。
- 投影仪：检查投影仪能否正常工作，投影图像是否正好在投影屏幕上合适的位置。
- 投影屏幕：主要检查投影屏幕是否完好无损，投影屏幕上的瑕疵是否影响画面质量，投影屏幕的位置是否合适等。另外，投影屏幕的尺寸比例也要考虑。由于目前的液晶显示器都是宽屏比例，因此幻灯片页面一般设置为 16:9 或 16:10 的宽屏样式。但如果投影屏幕是正方形的，就不太适合播放这种宽屏样式的幻灯片，此时应将幻灯片设置为 4:3 的默认比例。

（2）辅助设备的检查

放映幻灯片时，还可能会用到麦克风、音响、激光笔等辅助设备。根据放映需要，应检查是否具备这些设备，各设备是否能够正常使用等。

2. 检查文件格式及操作环境

PowerPoint 2016 生成的文件后缀为 ".pptx"，此文件格式可以在 Windows 操作系统的计算机中正常放映。但如果是苹果公司的操作系统，则需要安装 MacOS 版的 Office 程序，另外还需要在该系统中检查幻灯片中的配色、形状、动画效果等是否正常，检查完毕后方可放映。

3. 检查演示效果

放映幻灯片之前，需要检查演示效果，查看页面、字体、动画、图形、媒体文件等是否能够正常显示或播放。比如字体，在制作该幻灯片的计算机中能够正常显示，但放映时使用的是另一台计算机，如果该计算机上没有安装相应的字体文件，就可能出现字体变形或乱码的情况。因此，建议演示前将幻灯片中使用的字体文件及视频文件等和演示文稿文件一起复制到放映使用的计算机中。

4. 标记放映内容

在放映幻灯片时，特别是演讲型的幻灯片，演讲者可以一边演讲一边对幻灯片进行注释、标记，以便圈出重点，给出提示。PowerPoint 为了满足用户对这方面的需求，提供了丰富的标记工具，如放映箭头、激光指针、荧光笔、画笔，以及黑屏和白屏等。

- 放映箭头：放映箭头即鼠标指针，是 PowerPoint 默认的标记工具，进入放映状态时就会显示该对象。通过移动箭头，可以让观众的视线随着箭头位置的变化而转移。
- 激光指针：有时放映箭头可能吸引不了观众的注意力，此时如果按住【Ctrl】键再操作鼠标，就会发现箭头变成了激光指针。激光指针的作用虽然与放映箭头一样，但由于具有更加漂亮的外观和突出的色彩，因此更能引起观众的注意力。
- 荧光笔：荧光笔的外观为矩形形态，按住鼠标左键不放并拖曳荧光笔也可为幻灯片添加标记，且标记为透明效果，不会遮挡幻灯片内容。
- 画笔：画笔的外观为圆点形态，按住鼠标左键不放并拖曳画笔即可在幻灯片上添加标记。
- 黑屏和白屏：黑屏和白屏可以在放映时将整个屏幕显示为黑色或白色，在需要暂停放映或进行其他不需要显示当前幻灯片内容的时候，可以让放映屏幕以黑屏或白屏的状态显示。其操作方法为，在幻灯片的放映状态下单击鼠标右键，在弹出的快捷菜单中选择"屏幕"命令下相应的命令实现黑屏或白屏效果。

> **提示**　除了利用鼠标右键快捷菜单设置黑屏或白屏外，还可以在幻灯片放映状态下按【W】键显示白屏，再次按【W】键恢复白屏前的状态；或按【B】键显示黑屏，再次按【W】键恢复黑屏前的状态。

下面以"年度工作计划.pptx"为例，讲解幻灯片放映时的标记操作。具体操作如下。

微课视频　标记放映内容

步骤 1　放映幻灯片。 在 PowerPoint 软件中打开"年度工作计划.pptx"文件，单击【幻灯片放映】/【开始放映幻灯片】组中的"从头开始"按钮，进入幻灯片放映状态。

步骤 2　设置标记颜色。 在幻灯片上单击鼠标右键，在弹出的快捷菜单中选择"指针选项"中的"墨迹颜色"命令，在打开的子列表中选择"黄色"为标记颜色，如图 3-80 所示。

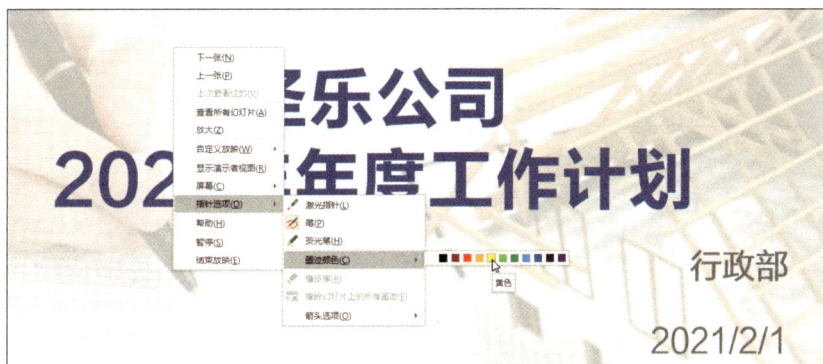

图 3-80　设置标记颜色

步骤3 **添加标记。**再次单击鼠标右键,在弹出的快捷菜单中选择"指针选项"中的"荧光笔"命令,返回幻灯片中,按住鼠标左键不放并拖曳,为幻灯片添加标记,效果如图3-81所示。

步骤4 **保存标记。**退出放映状态,PowerPoint会打开提示对话框,询问是否保留墨迹注释,单击 保留(K) 按钮将保留标记并退出放映,单击 放弃(D) 按钮将不保留标记并退出放映。这里单击 保留(K) 按钮,如图3-82所示。

图3-81 添加标记

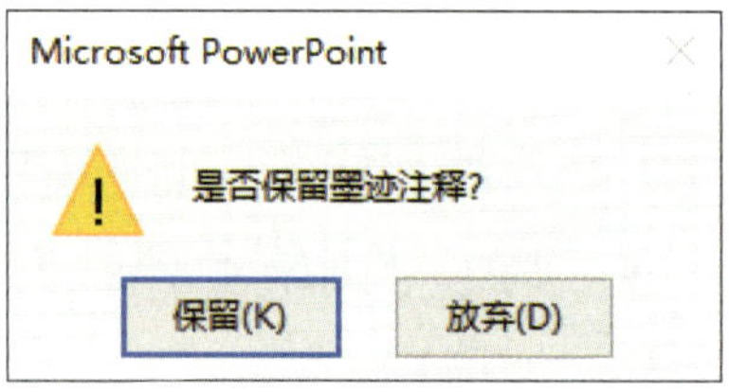

图3-82 保存标记

> **提示**
>
> 如果保留标记内容,PowerPoint会将其以形状的形式存储到幻灯片中,因此保留的标记不但具有形状的各种属性和设置修改方法,而且可以进一步在"墨迹书写工具"选项卡中对笔或荧光笔的颜色、粗细等进行修改。

课堂笔记

课后思考

班级：_____　　　　姓名：_____　　　　成绩：_____

思考题1：

请同学们在互联网中搜索演示文稿的应用等相关知识，认真思考并讨论演示文稿在学习、工作和生活中的具体应用，并举例说明。

_____

_____

_____

_____

思考题2：

请同学们在互联网中搜索、查看一些美观的演示文稿模板，分析并总结优秀的演示文稿都具备哪些要素。

_____

_____

_____

_____

思考题3：

请同学们搜索相关信息，查找 PowerPoint 之外的制作演示文稿的常用软件。

_____

_____

_____

_____

◎ 拓展训练　制作"月末总结"演示文稿

1. 训练任务

要求：我们都知道，学习是需要总结的，古代曾子曰："吾日三省吾身"，无论是当前的学习还是今后在工作中通常都会要求进行总结，因此同学们须勤于思索，善于总结。请同学们结合自身最近一个月的学习、生活状况，从花费、收获、经验等不同方面出发，使用 PowerPoint 2016 制作"月末总结"演示文稿，方便了解花费情况，为后期制订节约计划做好准备。此外，我们在配套资源中提供了关于总结的演示文稿模板（配套资源：素材 \ 模块三 \ 总结模板），供大家参考。

2. 训练安排

要求：从学习、生活、社交等方面，总结最近一个月自己的收获与经验，并制作一个不少于 6 张幻灯片的演示文稿。此外，必须使用形状、按钮、图片、SmartArt 图形和超链接。演示文稿的整体要美观、大方。

3. 训练评价

序号	评分内容	总分	得分
1	演示文稿是否有明显文字错误	15	
2	演示文稿的字体大小是否合适	10	
3	演示文稿中不同元素的使用位置、方法是否恰当	20	
4	演示文稿中的交互式特效设计是否有用	15	
5	交互式特效设计是否合理	15	
6	演示文稿是否能流畅地在计算机中播放	10	
7	学生的演讲表现	15	
	总分	100	

教师评语：